专用于国家职业技能鉴定

国家职业资格培训教程

核设备无损检测工

涡流检测

中国核工业集团有限公司人力资源部
中国核能电力股份有限公司
组织编写

中国原子能出版社

图书在版编目(CIP)数据

核设备无损检测工. 涡流检测 / 中国核工业集团有限公司人力资源部，中国核能电力股份有限公司组织编写. —北京：中国原子能出版社，2021. 3
国家职业资格培训教程
ISBN 978-7-5221-1295-4

Ⅰ. ①核… Ⅱ. ①中…②中… Ⅲ. ①核设施-涡流检验-技术培训-教材 Ⅳ. ①TL75

中国版本图书馆 CIP 数据核字(2021)第 045147 号

核设备无损检测工　涡流检测

出版发行 中国原子能出版社(北京市海淀区阜成路 43 号　100048)
责任编辑 刘东鹏
责任校对 冯莲凤
责任印制 赵　明
印　　刷 保定市中画美凯印刷有限公司
经　　销 全国新华书店
开　　本 787 mm×1092 mm　1/16
印　　张 9. 75
字　　数 244 千字
版　　次 2021 年 3 月第 1 版　2021 年 3 月第 1 次印刷
书　　号 ISBN 978-7-5221-1295-4　　**定　价　70. 00 元**

网址：http://www.aep.com.cn　　**E-mail：atomep123@126.com**
发行电话：010-68452845　　

国家职业资格培训教程

核设备无损检测工
涡流检测

编审委员会

前　言

为推动核行业特有职业技能培训和职业技能鉴定工作的开展，在核行业特有职业从业人员中推行国家职业资格证书制度，在人力资源和社会保障部的指导下，中国核工业集团有限公司人力资源部组织有关专家编写了《国家职业资格培训教程——核设备无损检测工》（以下简称《教程》）。

《教程》以国家职业标准为依据，内容上力求体现"以职业活动为导向，以职业技能为核心"的指导思想，紧密结合实际工作需要，注重突出职业培训特色；结构上针对本职业的职业活动的领域，按照模块化的方式，针对核设备无损检测工职业领域特点，分别按超声、射线、涡流、泄漏、磁粉、渗透、目视七种无损检测方法各自成册。《教程》中的章对应于职业标准的"职业功能"，节对应 "工作内容"；每节包括"学习目标""生产准备""工艺操作"及"自检"等单元，涵盖了职业标准中的"技能要求"和"相关知识"的基本内容。此外，针对职业标准中的"基本要求"，还专门编写了《核设备无损检测工（基础知识）》一书，内容涉及：职业道德、专业基础知识、安全文明生产与环境保护知识、金属材料加工工艺及典型缺陷特征、质量管理知识和相关法律、法规知识等。

《教程》适用于核设备无损检测工的初级、中级、高级、技师、高级技师培训，是核设备无损检测工职业技能鉴定的指定辅导用书。

《教程》由聂勇、杨崇安、蔡军、周大禹、余荆生、夏建文、王卓巍、卢威、张运平、张涵、左畅、董兴、余自力、刘铁群、曾玉华、陈霞、黄晓锋、陈胜宇、李宜全、高谊、岳晓明、吕为、帅军、王金龙、吴海林、刘波、潘越峰等编写，由李祝松、周汇东、蔡全旺、沈德贵审核。《教程》由核动力运行研究所、中核建中核燃料元件有限公司和中核北方核燃料元件有限公司负责编写，核动力运行研究所统稿。

由于编者水平有限，时间仓促，加之科学技术的发展，教材中不足与错误之处在所难免，欢迎提出宝贵意见和建议。

中国核工业集团有限公司人力资源部

中国核能电力股份有限公司

目　录

第一部分　涡流检测的物理原理及技术基础

第二部分　核设备涡流检测操作技能

第三部分　核燃料元件涡流检测操作技能

第一部分　涡流检测的物理原理及技术基础

学习目标：

初级工：了解涡流检测基础知识；熟悉涡流检测的应用范围及特点；了解涡流检测方法分类和涡流检测设备与器材，以及涡流检测技术的应用及涡流检测特点；掌握蒸汽发生器传热管涡流检测相关内容；熟悉反应堆压力容器顶盖螺栓螺母、凝汽器换热管涡流检测相知识；了解涡流检测规程及工艺卡的编制、涡流检测仪的性能测试及涡流常用标准。

中级工：了解涡流检测基础知识；熟悉涡流检测的应用范围及特点；了解涡流检测方法分类、涡流检测设备与器材、涡流检测技术的应用以及涡流检测特点；熟悉常见蒸汽发生器结构及掌握蒸汽发生器传热管涡流检测相关内容，以及反应堆压力容器顶盖螺栓螺母、凝汽器换热管涡流检测相关知识；了解堆芯中子通量测量指套管涡流检测知识、涡流检测规程及熟悉工艺卡的编制、涡流检测仪的性能测试以及涡流常用标准。

高级工：熟悉涡流检测基础知识；掌握涡流检测的应用范围及特点，以及涡流检测通用技术；了解涡流检测方法分类；熟悉涡流检测设备与器材；了解涡流检测辅助装置及应用，和涡流检测特点；掌握涡流检测技术的应用相关知识，以及蒸汽发生器传热管、反应堆压力容器顶盖螺栓螺母、凝汽器换热管涡流检测相关内容；熟悉堆芯中子通量测量指套管涡流检测知识和涡流检测规程及工艺卡的编制；了解涡流检测仪的性能测试和涡流常用标准；了解涡流检测新技术、新知识和新工艺。

技师：掌握涡流检测物理原理；熟悉涡流检测方法分类；掌握涡流检测设备与器材；熟悉涡流检测辅助装置及应用；掌握涡流检测技术的应用相关知识；熟悉核设备涡流检测特点；掌握蒸汽发生器传热管、反应堆压力容器顶盖螺栓螺母、凝汽器换热管、堆芯中子通量测量指套管涡流检测相关内容；了解 RCCA 涡流检测相关知识；掌握涡流检测规程及工艺卡的编制；了解涡流检测仪的性能测试；了解涡流检测新技术、新知识和新工艺；熟悉核设备涡流常用标准。能编写培训教材、编写自动化检查设备维护保养规程。

高级技师：掌握涡流检测物理原理；熟悉涡流检测方法分类、涡流检测设备与器材以及涡流检测辅助装置及应用；掌握涡流检测技术的应用相关知识；了解电导率测量与材质分选及覆盖层厚度测量知识；熟悉核设备涡流检测特点；掌握蒸汽发生器传热管、反应堆压力容器顶盖螺栓螺母、凝汽器换热管、堆芯中子通量测量指套管涡流检测相关内容；熟悉 RCCA 涡流检测相关知识；掌握涡流检测规程及工艺卡的编制；了解涡流检测设备器材的性能测试；熟悉涡流检测新技术、新知识和新工艺；熟悉核设备涡流常用标准和验收标准；熟悉核设备制造工艺；熟悉检测可靠性的分析评定方法。

第一章 涡流检测物理原理

第一节 涡流检测的基础知识

一、材料的导电性

根据物质的导电性能可将各种物质分为导体、绝缘体和半导体三种类型。例如金、银、铜、铝、铁等金属都是具有良好导电性能的导体:而橡胶、陶瓷、云母、塑料、竹木等都是导电性能很差的绝缘体;另外还有一类物质的导电性介于导体和绝缘体之间,称它们为半导体,例如硅、锗等就是常用的半导体材料。需要指出的是,导体和绝缘体的界限不是绝对的,它们在一定的条件下可以相互转化,例如玻璃在常温时是绝缘体,高温熔化后就变成了导体。

二、电流和电阻

自由电子受电场作用力的影响会向反方向做定向移动,从而形成电流。电流的强弱可用电流强度 I 来表示,它代表单位时间内通过导体横截面的电量,单位是 A(安培)。如果一个导体两端的电位差为 U,导体的电阻为 R,则根据欧姆定律,通过导体的电流可表示为:

$$I=\frac{U}{R} \tag{1-1}$$

自由电子在运动中总要与金属晶格中的正离子碰撞,碰撞的次数非常频繁(每秒约 10^{15} 次)。这种碰撞会阻碍自由电子的定向移动,从而减小电流。这种阻碍电荷移动的能力称为电阻,其大小与导体的长度 l 成正比,与导体的横截面积 S 成反比,还与导体的材料有关,可以用下式表示:

$$R=\rho\frac{l}{S} \tag{1-2}$$

式中:ρ——导体的电阻率,表示单位长度、单位截面积的电阻,单位是 Ω·m,用于研究金属时的电阻率用 μΩ·cm(或 10^{-8} Ω·m)为计量单位。

电阻率的倒数称为电导率,用符号 σ 表示,单位是 S/m(西门子/米)。

$$\sigma=\frac{1}{\rho} \tag{1-3}$$

在工程技术中还可用 IACS(国际退火铜标准)单位来表示电导率,这种单位规定退火工业纯铜(电阻率在温度 20 ℃时为 1.7241×10^{-8} Ω·m)的电导率作为 100%IACS。则其他金属的电阻率ρ_x、电导率σ_x若用它的百分数表示,即为

$$\sigma_x=\left[\frac{\text{标准退火铜电阻率}}{\text{金属的电阻率}}\right]\times100\%(\text{IACS}) \tag{1-4}$$

显然,电阻率值愈小,电导率值愈大,材料的导电性能就愈好。一些常用金属材料的电阻率、电导率及温度系数见表 1-1。

表 1-1　一些金属的电阻率、电导率和温度系数

金属	20 ℃时的电阻率/$\mu\Omega\cdot$cm	温度系数(20 ℃)	电导率	
			%IACS	MS/M
铝	2.824	0.003 9	61.05	35.4
黄铜	7	0.002	25	14.3
镉	7.6	0.003 8	22	13.2
钴	9.8	0.003 3	18	10.2
铜(退火)	1.724 1	0.003 93	100	58.00
铁(99.8%纯)	10	0.005	17	10.0
铅	22	0.003 9	7.8	4.5
镁	4.6	0.004	38	22
镍铬合金	100	0.000 4	1.72	1.0
镍	7.8	0.006	22	12.8
银	1.59	0.003 8	108	63
钢(最高质量)	10.4	0.005	16.6	9.6

三、影响金属导电性的主要因素

影响金属导电性的因素很多，主要有温度、化学成分、应力、形变以及热处理等。

1. 温度的影响

温度升高，导致自由电子与金属晶格中的正离子碰撞加剧，使电阻增大。当温度接近熔点或接近 0 K 时，电阻与温度呈线性关系。

由于金属在熔化时点阵的规律性被破坏了，原子之间的键也有所变化，所以熔化金属的电阻比固态时大 2 倍，而且液态金属的电阻还随温度的升高而增大。

2. 杂质的影响

纯金属具有规则的晶格，因此电阻率 ρ 很小。杂质，即使含量极少，也会导致金属晶格的畸变，造成电子散射，使电阻率增加。

3. 应力的影响

在弹性范围内单向拉伸或者扭转应力能提高金属的电阻率 ρ。应力使电阻率增加，其原因是在拉伸时应力使原子的间距增大，同时晶格也产生了扭曲。但是在单向压应力作用下，对于大多数金属来说使电阻率降低。

4. 形变的影响

金属冷加工引起的变形对电阻亦有影响，其原因是冷加工使晶体点阵发生了畸变或产生缺陷，造成电场的不均匀性，从而导致电子波散射的增加。当冷变形度超过 10%时，电阻稍有增加，通常纯金属由冷变形引起的电阻率的增加为 2%～6% 。

5. 热处理的影响

导电金属经冷变形后，强度和硬度增高，导电性降低。退火后，其电导率可得到恢复。

四、正弦交流电

1. 直流电

电流是由电荷(带电粒子)有规则的定向移动而形成的，它在数值上等于单位时间内通

过某一导体横截面的电荷量，称为电流强度(简称电流)，记作 I，在 SI 中，单位是 A(安培)。假设在时间 $\mathrm{d}t$ 内通过导体横截面 S 的电荷量为 $\mathrm{d}q$，则电流 I 为：

$$I=\frac{\mathrm{d}q}{\mathrm{d}t} \tag{1-5}$$

式(1-5)表示电流是随时间变化的，是时间的函数。

如果电流不随时间变化，即 $\frac{\mathrm{d}q}{\mathrm{d}t}=$ 常数，则这种电流称为恒定电流，简称直流，此时电流 I 可描述为：

$$I=\frac{q}{t} \tag{1-6}$$

式中：q——在时间 t 内通过导体横截面 S 的电荷量，C。

2. 正弦交流电

电势、电压、电流的大小和方向随时间而交变的电路称为交流电路，当按正弦规律变化时称为正弦交流电路。其中大小、方向随时间按正弦规律交变的电流称为正弦交流电流，简称交流电流，波形如图 1-1 所示。交流电流瞬时值 i 一般可表示为：

$$i=I_{\mathrm{m}}\cos(\omega t+\psi) \tag{1-7}$$

式中：I_{m}——电流的幅值；

ω——角频率，rad/s；

Ψ——初相位，rad；

t——时间，s。

其中 I_{m}、ω、Ψ 称为正弦量的三要素，是正弦量之间进行比较和区分的依据。同样，正弦交流电压 u 和电势 e 一般可表示为：

$$u=U_{\mathrm{m}}\cos(\omega t+\psi) \tag{1-8}$$

$$e=E_{\mathrm{m}}\cos(\omega t+\psi) \tag{1-9}$$

式中：U_{m}——电压的幅值；

E_{m}——电势的幅值。

它们的波形如图 1-2 所示。

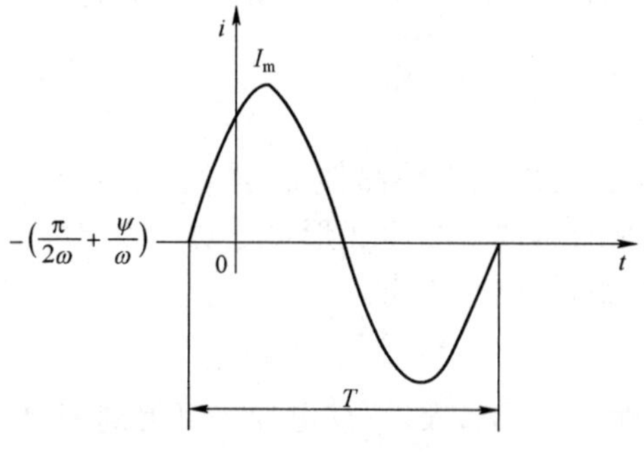

图 1-1 正弦交流电流

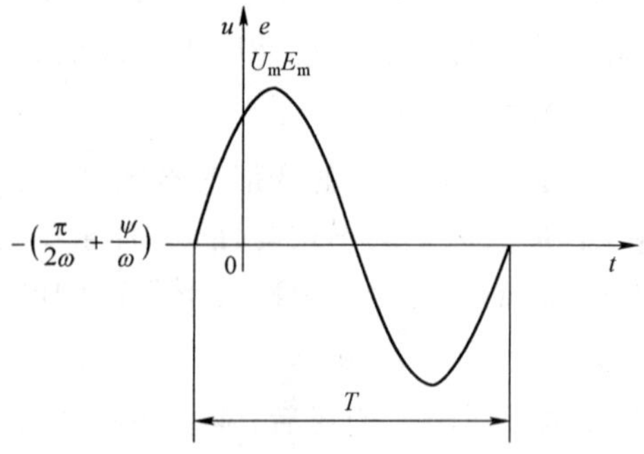

图 1-2 正弦交流电压

在描述正弦交流电时，常用以下这些概念：

(1) 周期 交流电流、电压的瞬时值是不断变化的，但是每隔一定的时间会重复出现一次，每重复一次所需的时间间隔叫做周期，用 T 表示（见图 1-1 和图 1-2），单位是 s（秒）。

（2）频率　交流电流、电压的瞬时值在单位时间里重复出现的次数称为频率，用 f 表示，单位是 Hz（赫兹），它与周期 T 成倒数关系：

$$f=\frac{1}{T} \tag{1-10}$$

（3）幅值　正弦交流电流、电压在整个变化过程中所能达到的最大值，我们称之为幅值（见图 1-1 和图 1-2）。

（4）相位与相位差　正弦量随时间变化的核心部分是（$\omega t+\psi$），它反映了正弦量的变化过程，称为正弦量的相位或相角，任意一交流电流瞬时值都存在一个相位。其中，当 $t=0$ 时的相位称为初相位，简称为初相。通常初相在 $|\psi|\leqslant\pi$ 的主值范围内取值，初相 ψ 的大小与计时起点的选择有关。

我们称同频率的正弦交流电的初相之差为它们的相位差或相角差。例如，假设任意两个同频率的正弦量，一个是正弦电压，另一个是正弦电流，它们分别是：

$$u=U_{\mathrm{m}}\cos(\omega t+\Psi_1)$$

$$i=I_{\mathrm{m}}\cos(\omega t+\Psi_2)$$

它们之间的相位差就是 $\Psi=\Psi_1-\Psi_2$。相位差是区分两个同频率正弦量的重要标志之一。Ψ 也采用主值范围的角度来表示。

如果相位差 $\Psi=\Psi_1-\Psi_2>0$，见图 1-3(a)，我们说电压 u 的相位越前（或超前）于电流 i 的相位一个角度 Ψ，有时简称电压 u 越前电流 i，或者是说电流 i 落后（或滞后）于电压 u 一

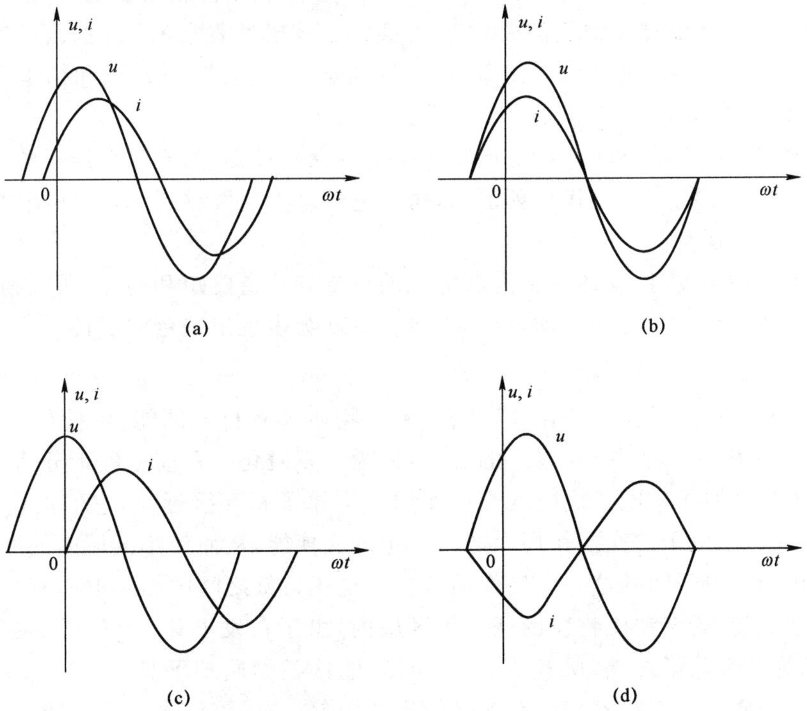

图 1-3　同频率正弦量之间的相位关系

（a）任意相位差；（b）同相；（c）正交；（d）反相

个角度，意思是说电压 u 比电流 i 先到达正的最大值。如果 $\Psi=\Psi_1-\Psi_2<0$，则结论刚好与前面的情况相反。如果 $\Psi=\Psi_1-\Psi_2=0$，即相位差为零，则称它们为同相位，简称同相，见图 1-3(b)。如果 $\Psi=\Psi_1-\Psi_2=\frac{\pi}{2}$，则称为相位正交，见图 1-3(c)。如果 $\Psi=\Psi_1-\Psi_2=\pi$，则称为反相，见图 1-3(d)。

不同频率的两个正弦量之间的相位差不再是一个常数，而是随时间变动的。一般谈到的相位差都是指同频率正弦量之间的相位差。

(5) 角频率　相位在单位时间中变化的弧度数，我们称之为角频率，表示相位随时间变化的速度，用 ω 表示，单位是 rad/s(弧度/秒)。它与频率成正比关系：

$$\omega=2\pi f=2\pi\frac{1}{T} \tag{1-11}$$

五、材料的磁特性

1. 物质的磁性

磁性是物质的基本属性之一。当外磁场发生改变时，物质的能量也随之改变，这时就表现出物质的宏观磁性。从微观角度看，物质中带电粒子的运动形成了物质的元磁矩，当元磁矩取向为有序时，便形成了物质的磁性。

根据物质磁化后对磁场的影响，可以把物质分为三大类：使磁场减弱的物质称为抗磁性物质；使磁场略有增强的物质称为顺磁性物质；使磁场剧烈增加的物质称为铁磁性物质。抗磁性物质的磁化率 χ 为负(数量级为 $-10^{-6}\sim-10^{-3}$)，顺磁性物质的磁化率 χ 为正(数量级为 $10^{-6}\sim10^{-2}$)，而铁磁性物质的磁化率 χ 很大。抗磁性物质有氢、水、金、银、铜、铋等；顺磁性物质有氧、空气、铝、铂等，在较高温度下(高于居里温度)，铁、镍和钴也具有顺磁性；铁磁性物质有铁、镍和钴。

物质的磁性是由电子循轨和自旋运动产生的。众所周知，物质是由原子组成的，而原子则是由原子核和电子构成。近代物理证明，每个电子都参与两种运动，即环绕原子核的运动和电子本身的自旋运动。

通常在无外加磁场时，物体本身内部电子的自旋和轨道磁矩和为零，所以物体对外不显磁性。但如对物体加上一个外磁场，物体被磁化后就会表现出一定的磁性。

2. 磁畴

铁磁性的基本特点是自发磁化和磁畴。由于物质内部自身的能量，使任一小区域内的所有原子磁矩都按一定规则排列起来的现象，称为自发磁化。目前已经十分清楚，自发磁化的原因是由于相邻原子中电子之间的交换作用。当原子相互接近时，它们的电子就要发生相互的交换，并由于电子的交换作用而产生一定的交换能，从而使小区域内的所有原子磁矩按一定规则排列。电子间的这一交换作用直接与电子自旋之间的相对取向有关。

人们不禁要问：既然铁磁物质的任一小区域内，由于自发磁化，所有原子磁矩都朝一个方向排列了，为什么除了磁铁(吸铁石)以外的其他铁磁物质却不具有自发吸铁的本领呢？这是因为铁磁物质内部存在磁畴。在铁磁物质的内部，分成了许多小的区域，这些小的区域就称为磁畴。图 1-4 为铁磁体某一截面上的磁畴示意图。虽然每一个小区域内的原子磁矩都整齐地排列起来了，但这些小区域的磁矩分别取不同的方向，因此，所有小区域的磁矩叠加起来仍然为零，即总磁矩为零。这样从铁磁体的整体来看，磁化强度为零，对外不显示磁性，如图 1-5(a)所示。

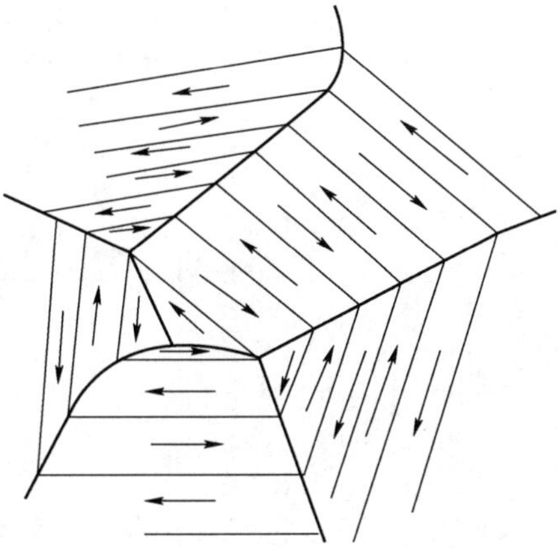

图 1-4　磁畴示意图

如果将铁磁性物质置于外磁场中，磁场作用使磁畴的磁矩从各个不同的方向转到接近磁场的方向或与磁场的方向一致，因此对外呈现较强的磁性，见图 1-5(b)和图 1-5(c)，这一过程就是磁化过程。

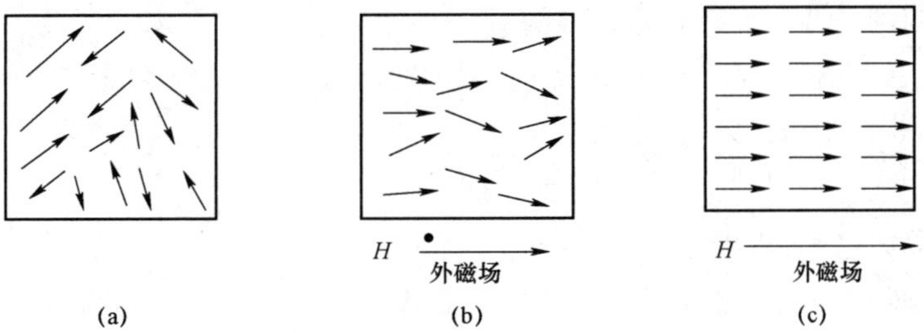

图 1-5　铁磁物质在磁场中磁矩改变示意图

(a) 未磁化时；(b) 未磁化到饱和时；(c) 磁化到饱和时

磁畴与磁畴之间有一过渡层，称为畴壁，其厚度约等于几百个原子间距。磁畴的形状、大小及它们之间的搭配方式，统称为磁畴结构。

磁化是通过磁畴的转动和磁畴畴壁的移动来完成的，磁畴磁矩转动和畴壁移动会有阻力，外界必须对它做功以克服这种阻力。

3. 铁磁性材料的磁化规律

铁磁物质在外磁场的作用下显示出磁性就称为磁化，又叫技术磁化。

当没有外磁场作用时，铁磁物质内部各磁畴的磁矩取向是杂乱无章的，磁矩是相互抵消的，因而对外不显磁性。

研究铁磁物质的磁化规律，就是寻找磁化强度 M 与磁场强度 H 或磁感应强度 B 与磁场强度 H 之间的关系，即 M-H 曲线或 B-H 曲线，这个关系只能通过实验方法来获得(见图 1-6)。

在研究铁磁性材料的磁化曲线时，常常用到磁化率 χ 这个量，在磁化曲线上，不同位置

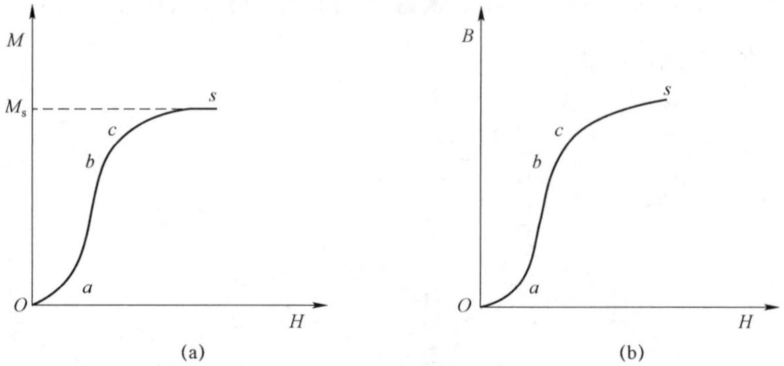

图 1-6　磁化曲线

(a) 磁化曲线；(b) 磁感应曲线

的 χ 是不同的，磁化曲线越陡，χ 越大，所以，它与磁化强度 M 和磁场强度 H 有关

$$M=\chi H \tag{1-12}$$

另外，我们还常常用到磁导率 μ 这个量，其单位是 H/m(亨/米)，在 MKSA 制中，

$$\mu=\mu_0\mu_r \tag{1-13}$$

$$\mu_r=1+\chi \tag{1-14}$$

式中：μ_0——真空磁导率，$\mu_0=4\pi\times10^{-7}$ H/m；

μ_r——相对磁导率，是一个无量纲的量。

物质的磁性状态还经常用另一个量——磁感应强度 B(又叫磁通密度)来描述，其单位是 T(特斯拉)，它与磁场强度 H 的关系是

$$B=\mu H=\mu_0\mu_r H \tag{1-15}$$

4. 居里温度

温度对铁磁性材料的磁性是有影响的，当温度高于某一数值时，自发磁化被破坏，材料的铁磁性消失，这一温度称为居里温度。它是强磁性和顺磁性转变的温度，换句话说，居里点就是铁磁性材料使用温度的最高极限。任何铁磁物质都具有一定的居里温度，其高低与该物质的化学组分和晶体结构有关，而与其磁历史无关。

六、阻抗及其矢量图

1. 阻抗

假设有一不含独立电源的一端口电路，在正弦电流源 $i(t)=\sqrt{2}I\cos(\omega t+\psi_i)$ 的激励下，端口电压 u 将是同频的正弦量，并设其为 $u(t)=\sqrt{2}U\cos(\omega t+\psi_u)$。这样，端口电压相量 $\dot{U}=U\angle\psi_u$，端口电流相量 $\dot{I}=I\angle\psi_i$，它们的比值用 Z 表示，

$$Z=\frac{\dot{U}}{\dot{I}}=|Z|\angle\psi_Z \tag{1-16}$$

这里 Z 就称为该一端口电路的阻抗，其中 $|Z|=U/I$ 是阻抗的模，$\psi_Z=\psi_u-\psi_i$ 是阻抗角。Z 是个复数，所以又称为复数阻抗。

阻抗 Z 用代数形式表示时可写为 $Z=R+jX$，Z 的实部 R 称为电阻，Z 的虚部 X 称为

电抗。

2. 阻抗矢量图

在正弦电流电路分析中，往往需要作电路中电阻、电抗、阻抗关系的相量图，这种图就称为阻抗相量图或是阻抗矢量图。图 1-7 为一端口电路的阻抗，其矢量图如图 1-8 所示。

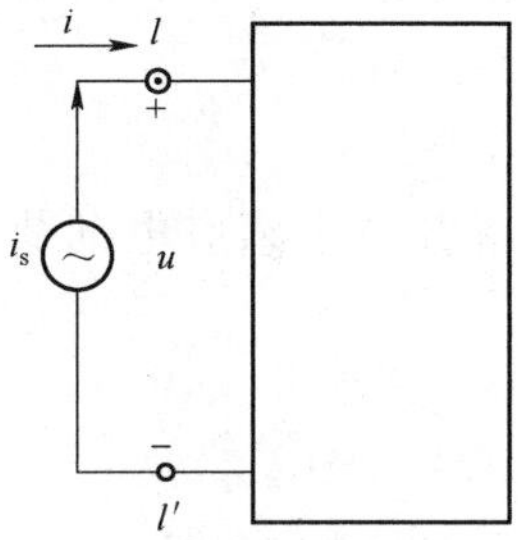

图 1-7　阻抗

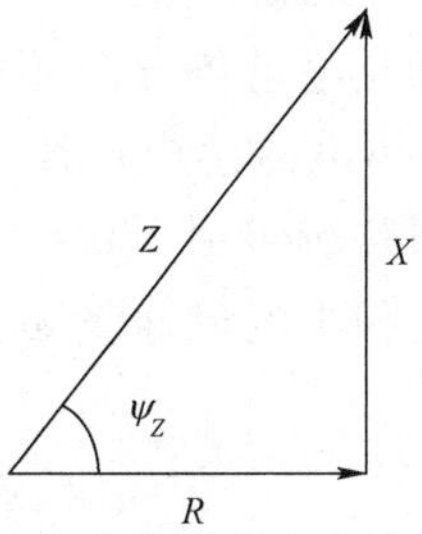

图 1-8　阻抗矢量图

图 1-7 中端口电压$\dot{U}$与电流$\dot{I}$ 的相位差为ψ_Z，它可由图 1-8 中的电阻、电抗关系得到

$$\psi_Z=\tan^{-1}\frac{U_X}{U_R}=\tan^{-1}\frac{X}{R} \tag{1-17}$$

七、电磁感应及涡流

1. 电磁感应现象

电磁感应现象是指电与磁之间相互感应的现象，包括电感生磁和磁感生电两种情况。我们都知道，在通电导线附近会产生磁场，这是电感生磁的现象。另外，当穿过闭合导电回路所包围面积的磁通量发生变化时，回路中就产生电流，这种现象就是磁感生电的现象，如图 1-9(a)所示，回路中所产生的电流叫做感应电流。并且，当闭合回路中的一段导线在磁场中运动并切割磁力线时，导线也会产生电流，这也是磁感生电的现象，如图 1-9(b)所示。

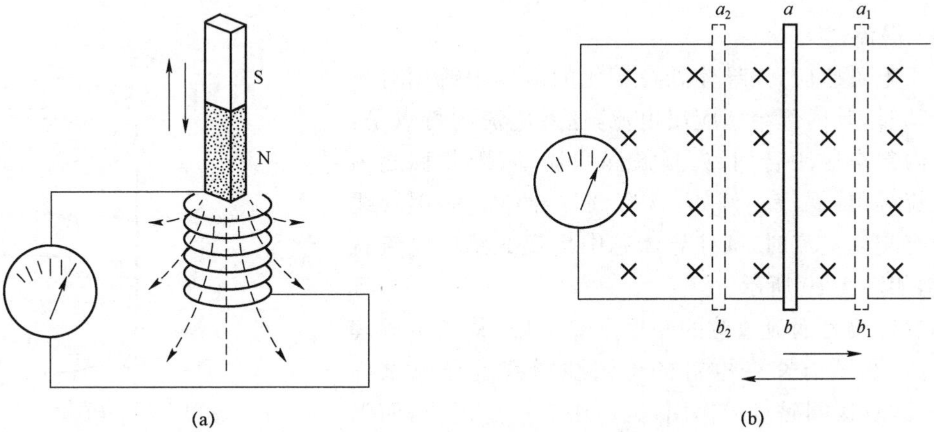

图 1-9　电磁感应现象

(a) 磁铁穿过线圈；(b) 导线切割磁力线

在任何电磁感应现象中，不论是怎样的闭合路径，只要穿过路径围成的面内的磁通量有了变化，就会有感应电动势产生；任何不闭合的路径，只要切割磁力线，也会有感应电动势产生。

感应电流的方向可以用楞次定律来确定。闭合回路内的感应电流所产生的磁场总是阻碍引起感生电流的磁通变化，这个电流的方向就是感应电动势的方向。另外，对于导线切割磁力线时的感应电动势方向还可用右手定则来确定，见图 1-9(b)。

(1) 法拉第电磁感应定律

当闭合回路所包围面积的磁通量发生变化时，回路中就会产生感应电动势 E_i，其大小等于所包围面积中的磁通量 φ 随时间变化的负值，

$$E_i = -\frac{d\varphi}{dt}$$

式中，负号表示闭合回路内感应电流所产生的磁场总是阻碍产生感应电流的磁通的变化，这就称为法拉第电磁感应定律。

(2) 自感

当线圈中通有随时间变化的交变电流 I 时，其所产生的交变磁通量也必将在本线圈中产生感应电动势，这就是自感现象。电流增加时，感应电动势的方向与电流的方向相反，阻碍电流的增大；在电流减小时，感应电动势的方向与电流同向，阻碍电流的减小。线圈自感系数 L 仅与线圈尺寸、匝数、几何形状以及线圈中媒质的分布有关，而与通过线圈的电流无关。

(3) 互感

当通有电流 I_1 和 I_2 的两个线圈相互接近时，由线圈 1 中电流 I_1 所引起的变化的磁场在通过线圈 2 时会在线圈 2 中产生感应电动势；同样，线圈 2 中的电流所引起的变化的磁场在通过线圈 1 时也会在线圈 1 中产生感应电动势，这种线圈间相互激起感应电动势的现象就叫互感现象，所产生的感应电动势称作互感电动势。互感不仅与线圈的形状、尺寸和周围媒质及材料的磁导率有关，还与线圈间的相互位置有关。

2. 涡流及其集肤效应

(1) 涡流

由于电磁感应，当导体处在变化的磁场中或相对于磁场运动时，其内部会感应出电流，这些电流的特点是：在导体内部自成闭合回路，呈漩涡状流动，因此称之为涡旋电流，简称涡流。例如，含有圆柱导体芯的螺管线圈中通有交变电流时，圆柱导体芯中出现的感应电流就是涡流，如图 1-10 所示。

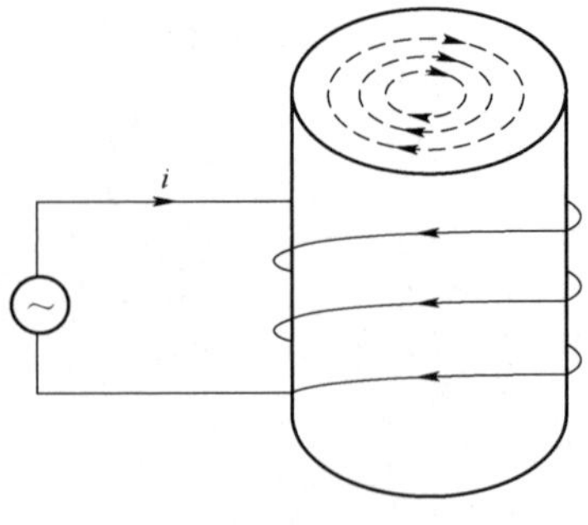

图 1-10 涡流

涡流检测是涡流效应的一项重要应用，其基本原理可表述为：当载有交变电流的检测线圈靠近导电试件时，由于激励线圈磁场的作用，试件中会产生涡流，而涡流的大小、相位及流动形式受到试件导电性能的影响，同时产生的涡流也会形成一个磁场，这个磁场反过来又会使检测线圈的阻抗发生变化，因此，通过测定检测线圈阻抗的变化，就可以判断出被测试件的性能及有无缺陷等。

(2) 集肤效应与涡流透入深度

当直流电流通过导线时,横截面上的电流密度是均匀相同的。但如果是交变电流通过导线时,导线周围变化的磁场也会在导线中产生感应电流,从而会使沿导线截面的电流分布不均匀,表面的电流密度较大,越往中心处越小,按负指数规律衰减,尤其是当频率较高时,电流几乎是在导线表面附近的薄层中流动,这种电流主要集中在导体表面附近的现象,称为集肤效应现象。

涡流透入导体的距离称为透入深度。定义涡流密度衰减到其表面值 l/e 时的透入深度称为标准透入深度,也称集肤深度,它表征涡流在导体中的集肤程度,用符号 δ 表示,单位是m(米)。由半无限大导体中电磁场的麦克斯韦方程可以导出距离导体表面 x 深度处的涡流密度为:

$$I_x = I_0 e^{-\sqrt{\pi f \mu \sigma} x} \tag{1-18}$$

式中:I_0——半无限大导体表面的涡流密度,A;

f——交流电流的频率,Hz;

μ——材料的磁导率,H/m;

σ——材料的电导率,S/m。

则标准透入深度为:

$$\delta = \frac{1}{\sqrt{\pi f \mu \sigma}} \tag{1-19}$$

从式(1-19)中我们可以看出,频率越高、导电性能越好或导磁性能越好的材料,集肤效应越显著。对于非铁磁性材料,有 $\mu \approx \mu_0 = 4\pi \times 10^{-7}$ H/m,可得标准透入深度为:

$$\delta = \frac{503}{\sqrt{f\sigma}} \tag{1-20}$$

例如,$f = 50$ Hz 时,退火铜(电导率 $\sigma = 58 \times 10^6$ S/m)的标准透入深度为 0.009 3 m;当频率 $f = 5 \times 10^{10}$ Hz 肘,标准透入深度为 2.9×10^{-7} m。

在实际工程应用中,标准透入深度 δ 是一个重要的数据,因为在 2.6 个透入深度处,涡流密度一般已经衰减了约 90%。工程中,通常定义 2.6 倍的标准透入深度为涡流的有效透入深度。其意义是:将 2.6 倍标准透入深度范围内 90% 的涡流视为对涡流检测线圈产生有效影响,而在 2.6 倍标准透入深度以外的总量为 10%的涡流对线圈产生的效应是可以忽略不计的。

3. 阻抗分析法

一个理想线圈的阻抗应该只有感抗部分,线圈的电阻应该为零,但实际上,线圈是用金属导线绕制而成的,除了具有电感外,导线还有电阻,各匝线圈之间还有电容,所以一个线圈可以用一个由电阻、电感和电容串联的电路表示,一般忽略线匝间的分布电容,利用电阻和电感的串联电路来表示(见图 1-11),因而可用下式表示线圈的复阻抗,

$$Z = R + jX = R + j\omega L \tag{1-21}$$

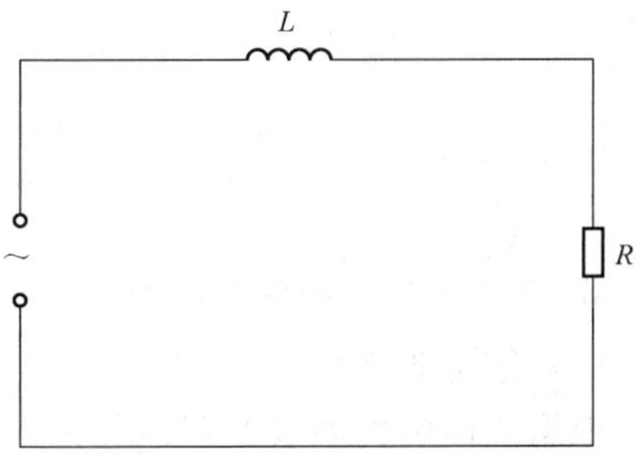

图 1-11　单个线圈的等效电路

式中：R——电阻；

X——电抗，$X=\omega L$；

ω——角频率，$\omega=2\pi f$。

如图 1-12(a)所示的电路中，两个线圈相互耦合，并在一次线圈通以交变电流 I_1，根据前面的分析，我们可以将其等效为图 1-12(b)的电路形式。由于电磁感应作用，在二次线圈中会产生感应电流，产生的这个感应电流反过来又会影响次线圈中的电流和电压，这种影响可以用二次线圈电路阻抗通过互感反映到二次线圈电路的折合阻抗来体现，其等效电路如图 1-12(c)所示，折合阻抗 Z_e 为：

$$Z_e=R_e+\mathrm{j}\,X_e \quad R_e=\frac{X_M^2}{R_2^2+X_2^2}R_2 \quad X_e=-\frac{X_M^2}{R_2^2+X_2^2}X_2 \tag{1-22}$$

式中：R_2——二次线圈的电阻；

X_2——二次线圈的电抗，$X_2=\omega L_2$

X_M——互感抗，$X_M=\omega M$（M 为互感系数）；

R_e——折合电阻；

X_e——折合电抗。

另外，我们将二次线圈的折合阻抗与一次线圈自身的阻抗相加得到的和称为视在阻抗 Z_s

$$Z_s=R_s+X_s \quad R_s=R_1+R_e \quad X_s=X_1+X_e \tag{1-23}$$

式中：R_1——一次线圈的电阻；

X_1——一次线圈的电抗，$X_1=\omega L_1$；

R_s——视在电阻；

X_s——视在电抗。

这样，应用二次线圈折合到一次线圈后得到的视在阻抗的概念，我们就可以认为一次电路中电流和电压的变化是由于视在阻抗变化引起的，而根据视在阻抗的变化就可以知道二次线圈对一次线圈的效应，从而可以推知二次线圈电路中阻抗的变化。

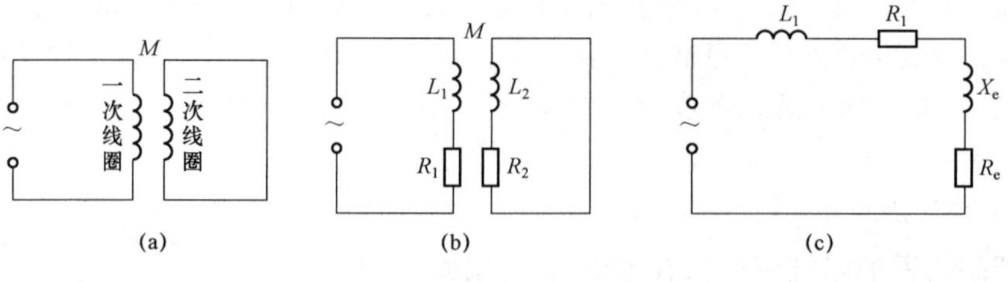

图 1-12　线圈耦合的等效电路

(a) 线圈耦合电路；(b) 等效电路；(c) 二次线圈折合到一次线圈的等效电路

4. 有效磁导率和特征频率

(1) 有效磁导率

根据前面的内容我们可以知道，涡流检测中的关键问题是对检测线圈阻抗的分析，而在对检测线圈阻抗进行分析时，关键是要对放入检测线圈后磁场的变化情况进行分析，这样才能得到检测线圈阻抗的变化情况，从而分析出工件的各种影响因素。然而在实际的涡流检测中，各种线圈的阻抗分析纷繁复杂，在长期的涡流检测理论研究和实验分析的基础上，福斯特提出了有效磁导率的概念，大大简化了线圈阻抗的分析问题。

在半径为 a，相对磁导率为μ_r的长直圆柱导体上，紧贴密绕一螺线管线圈。这里取坐标 z 轴与螺线管轴线重合，忽略边缘效应，在螺线管中通以交变电流 i，则在螺线管内圆柱导体中会产生一沿径向变化的交变磁场H_z，它是螺线管线圈空心时其内的激励磁场H_0和导体内涡流产生的磁场的矢量叠加。由于集肤效应，H_z在圆柱导体的横截面上的分布是不均匀的，随着与表面距离的增大而逐渐减弱。圆柱导体内的磁感应强度为：

$$\dot{B}_Z(r)=\mu_0\mu_r\dot{H}_Z(r)$$

式中：r——圆柱导体内任意一点到轴线的距离。

福斯特在分析线圈视在阻抗变化时，提出了一个假想的模型：圆柱导体的整个截面上有一个恒定不变的磁场 H_0，而磁导率却在截面上沿径向变化，它所产生的磁通等于圆柱导体内真实的物理场所产生的磁通。这样，就用一个恒定的磁场 H_0和变化着的磁导率替代了实际上变化着的磁场 H_Z和恒定的磁导率 μ，这个变化着的磁导率便称为有效磁导率，用 μ_{eff}表示，它是一个复数，对于非铁磁性材料来说，其模小于 1。

$$\mu_{eff}=\frac{2}{\sqrt{-j}ka}\cdot\frac{J_1(\sqrt{-j}ka)}{J_0(\sqrt{-j}ka)} \tag{1-24}$$

由此可见，有效磁导率 μ_{eff}不是一个常量，而是一个与激励频率 f 以及导体的半径 r、电导率 σ、磁导率 μ 有关的复变量。

(2) 特征频率

式(1-24)中，贝塞尔函数的虚宗量为

$$\sqrt{-j}ka=\sqrt{-j\omega\mu\sigma a^2}=\sqrt{-j2\pi f\mu\sigma a^2} \tag{1-25}$$

福斯特把有效磁导率 μ_{eff}表达式中贝塞尔函数的虚宗量的模为 1 时对应的频率定义为特征频率（或界限频率）。用 f_g表示，它是工件的一个固有特性，取决于工件自身的电磁特性和几何尺寸。即有

$$\left|\sqrt{-j}ka\right|=\sqrt{2\pi f\mu\sigma a^2}=1$$

则

$$f_g=\frac{1}{2\pi\mu\sigma a^2} \tag{1-26}$$

对于非铁磁性材料，$\mu\approx\mu_0=4\pi\times10^{-9}$ H/cm，可得特征频率

$$f_g=\frac{5\ 066}{\sigma d^2} \tag{1-27}$$

式中：σ——材料的电导率，MS/m；

d——圆柱导体的直径，cm，$d=2a$。

这就是在常用的工程单位制中，非铁磁性圆柱导电材料试件的特征频率。另外当材料电导率用国际退火铜单位百分比的单位表示时，有

$$f_g=\frac{8\ 734}{\sigma d^2} \tag{1-28}$$

式中：σ——材料的电导率，%IACS；

d——圆柱导体的直径，cm。

应当注意到，对于特定试件，特征频率既非试验频率的上限也非下限，而且也不一定是应采用的最佳试验频率，它只是一个特征参数，含有除缺陷外棒材尺寸和材料性能的信息。

在管材的实际涡流检测中，按照涡流渗透壁厚的情况，一般把管材分为两大类：薄壁管和厚壁管。这里薄壁管是指管子壁厚较之管径甚小的管子。

对于外通过式线圈或内穿过式线圈，薄壁管的特征频率 f_g 可表示为

$$f_g = \frac{5\ 066}{\mu_r \sigma d_i W} \tag{1-29}$$

式中：σ——电导率，MS/m；

d_i——管材的内径，cm；

W——管材的壁厚，cm。

对于内通过式线圈，厚壁管的特征频率 f_g 可表示为

$$f_g = \frac{5\ 066}{\mu_r \sigma d_i^2} \tag{1-30}$$

式中：d_i——管材内径，cm。

对于一般的试验频率 f，很显然有下面的关系式成立

$$ka = \sqrt{\frac{f}{f_g}} \tag{1-31}$$

因此，在分析检测线圈的阻抗时，常把实际的涡流检测频率 f 除以特征频率 f_g 作为一参考值，表示为 f/f_g，并且有效磁导率 μ_{eff} 可以用这个频率比作为变量。

(3) 涡流试验相似律

有效磁导率 μ_{eff} 是一个完全取决于频率比 f/f_g 的大小的参数，而 μ_{eff} 的大小又决定了试件内涡流和磁场强度的分布，因此，试件内涡流和磁场的分布是随 f/f_g 的变化而变化的。理论分析和推导可以证明，试件中涡流和磁场强度的分布仅仅是 f/f_g 的函数。由此，可得出涡流试验的相似律：对于两个不同的试件，只要各对应的频率比 f/f_g 相同，则有效磁导率、涡流密度及磁场强度的几何分布均相同。

第二节 涡流检测的应用范围和特点

一、涡流检测的应用范围

涡流检测是在材料无损评价和检测的广阔领域中一种重要而广泛使用的方法．现代涡流和电磁检测技术提供了一种独特而低成本的高速大规模检测方法，用于诸如核能、航空和航天、海洋、高压、高温和高速工程系统的金属材料的检测，防止不可预期的失效而导致经济上损失或人类生命的灾难。最近，这种方法对汽车、发动机、机械零件和日用品检测的特殊适用性也已得到认识。涡流检测和检测数据评价的自动化使得相似零件可进行大量高速检测，其经济性是其他常规无损检测无法得到的。涡流方法不仅用于材料性能的定量测定，而且也用于按尺寸、性能或存在的不连续性分选零件。

如同其他无损检测方法一样，涡流检测可以测定材料的性能和尺寸，或探测出不连续性。总的来说，涡流检测提供了近于即时的测定方法。通常，可将其用于生产线上以检测快

速移动的棒材、管材、板材、片材和其他对称零件。这些零件或是通过检测线圈，或是由移动的检测线圈进行扫查。

电磁感应检测在金属和合金成形、整形和热处理的每一个阶段都有应用。这些处理工艺的有效性可迅速得到评价。在处理过程中受损的材料能被检测出并从产品中去除，而无须承担进一步处理的费用。在许多实例中，诸如机加工、正火、淬火、表面硬化和其他热处理工艺能够直接受到监控。诸如机加工、钻孔、轧制和冷或热变形之类的机械加工的效果能被度量；裂纹的扩展或机械性能的损坏可进行评估。小型便携带式涡流检测仪提供了简单快速的手段，可用于个别操作者的人工质量检测和机械化检测系统，分选大量混杂的材料或跟踪在役材料和设备的损坏等。

涡流检测在工业中的应用是为数众多而普遍的，每年由此种无损检测所完成的检测结果的总数可能超过了其他所有方法。尽管涡流检测仅对磁化场激励区域内影响材料几何形状、电导率和磁导率的材料状况产生响应，但它的用途非常广泛并有多种功能，包括：

(1) 非接触式从单侧测量金属箔、片、板、管壁和机械零件的厚度；

(2) 当覆盖层和基材的电磁特性有显著差异时，测量基材上覆盖层的厚度；

(3) 当受检材料的电磁特性受它们影响时，按成份和结构鉴别或分辨材料；

(4) 检测材料缺陷(在垂直于涡流的平面上)，如裂纹、缝隙、搭接、划痕或擦伤、钻孔或其他孔以及片材和板材切割边缘上的折叠；

(5) 鉴别或控制热处理状况和评价金属结构的烧损；

(6) 确定钢和其他铁合金的表面硬化程度；

(7) 定位埋藏的金属物体，如地下管道、地雷或矿床或检测偶然混入食品中的金属物体；

(8) 机械装置中隐藏零件的运动状况的定时或定位，计算传送线上金属物体的数量，或探测飞行中的金属导弹；

(9) 精确测量对称的、机加工或磨削过的金属零件的尺寸，如轴承和轴承圈、小机械零件等。

二、涡流检测的优缺点

涡流检测系统具有许多优点，使它得以广泛应用。一个重要的优点是测量的可重现性。用于特定金属和合金厚度测量的绝对式电导率计和仪器通常是定量的，其精度达到百分之一以上。比较式仪器在检测缺陷和材料几何形状或性能的变化时可达到极高的灵敏度。采用稳定的参考样品，检测可以充满信心地重复进行。

具有相位和幅度信号功能(通常反映为相位平面数据)的仪器根据所选定的关键性的检测条件，可以进行广泛范围的分析处理。在受检材料的几何形状和物理性能的一致性允许的情况下，采用相位分解的方法以抑制无用信号和提取不受干扰的所需信号是极有价值的。普遍采用钻孔、铣槽或 EDM 槽、梯级壁厚和某些自然不连续性作为参考标准，为确保检测中正确操作和对特定类型或特定材料的物件的检测程序开始时控制设置的校准和调整，提供了快速手段。这些优点对于非铁磁性受检材料和对称的简单形状的受检对象显得更加突出。但对于复杂形状而难以达到可重现位置的可磁化受检材料或受检对象这些优点并不总是能体现。

涡流检测是以电磁感应原理为基础的一种常规无损检测方法，它适用于导电材料。在实际检测中，有着其自身特有的一些优势和不足之处。

1. 涡流检测的优点

（1）检测时，线圈不需接触工件，也无需耦合介质，所以检测速度快。对管、棒材检测，一般每分钟可检测几十米；线材每分钟可检测几百米甚至更多。易于实现现代化的自动检测，特别适合在线普查。

（2）对工件表面或近表面的缺陷，有很高的检出灵敏度，且在一定的范围内具有良好的线性指示，可对大小不同的缺陷进行评价，所以可以用作质量管理与控制。

（3）由于检测时不需接触工件又不用耦合介质，所以可在高温状态下进行检测。由于探头可伸入到远处作业，所以可对工件的狭窄区域、深孔壁（包括管壁）等进行检测。还能测量金属覆盖层或非金属涂层的厚度。

（4）除了能进行导电金属材料的检测外，还可以检测能感生涡流的非金属材料，如石墨等。

（5）由于检测信号为电信号，所以可对检测结果进行数字化处理，并将处理后的结果进行存储、再现及进行数据比较和处理。

2. 涡流检测的局限性

（1）涡流检测的对象必须是导电材料，且由于电磁感应的原因，只适用于检测金属表面缺陷，不适用于检测金属材料深层的内部缺陷。

（2）金属表面感应的涡流的渗透深度随频率而异，激励频率高时金属表面涡流密度大，检测灵敏度高，但是涡流渗透深度低；随着激励频率的降低，涡流渗透深度增加，但表面涡流密度下降，检测灵敏度降低。所以检测深度与表面伤检测灵敏度是相互矛盾的，很难两全。当对一种材料进行涡流检测时，需要根据材质、表面状态、检测标准作综合考虑，然后再确定检测方案与技术参数。

（3）采用穿过式线圈进行涡流检测时，线圈覆盖的是管、棒或线材上一段长度的圆周，获得的信息是整个圆环上影响因素的累积结果，对缺陷所处圆周上的具体位置无法判定。

（4）旋转探头式涡流检测方法可准确探出缺陷位置，灵敏度和分辨率也很高，但检测区域狭小，在检测材料需作全面扫查时，检测速度较慢。

尽管涡流检测存在一些不足之处，但它独特的专长是其他无损检测方法所无法取代的，因此它在无损检测技术领域中具有重要的地位。

思考题

1. 简述涡流检测的特点。
2. 简述电磁感应现象。
3. 简述涡流检测优点。
4. 什么是涡流？
5. 什么是涡流透入深度？
6. 什么是有效磁导率？什么是特征频率？

第二章　涡流检测方法分类

第一节　内穿式探头涡流检测方法

内穿式探头是广泛使用的一种涡流探头形式，有两种不同类型的内穿式探头，即绝对式和差分式。由单个线圈组成的绝对式探头极为常用，但差分式探头越来越被广泛采用，因为它具有优异的抗噪声特性和对几何形状或材料特性任何突然变化呈高灵敏度。

内穿式探头检测方法是将其插入并通过被检管材（或管道）内部进行的检测，广泛用于管材或管道的在役涡流检测（见图 2-1）。内穿式探头线圈在应用过程中其轴线平行于受检工件表面，线圈电磁场的作用范围为环状区域，检测效率较高，对于缺陷方向的响应较为敏感。

当内穿式探头用于检测较薄管壁的非磁性材料管子时，可以预设使涡流透入深度超过管壁厚度，从而可以实现管壁的内外表面检测。对于厚壁管的情况，由于集肤深度明显小于壁厚，因此检测更多地只是一种管壁内表面检测而非整个管壁检测。

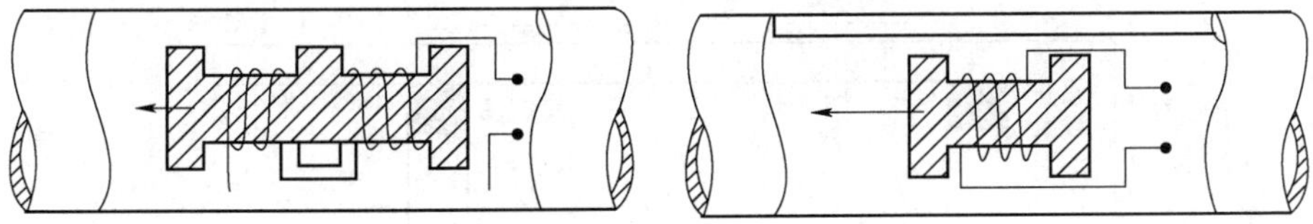

图 2-1　内穿式涡流探头示意图

第二节　外穿式探头涡流检测方法

外穿式涡流检测在设计上与内穿式涡流检测相同，但它们在功能上不同。外穿式探头检测方法是将受检工件插入并通过探头线圈内部进行的检测（见图 2-2）。对于厚壁管材和棒材而言，受涡流集肤效应限制，一般仅可实现对受检工件表面和近表面的质量进行检测。由于形状规则的管、棒、线材可非接触地通过线圈，因此这种方法易于实现对批量材料的高速、自动化检测。和内穿式探头线圈一样，外穿式探头线圈在应用过程中其轴线与受检工件表面平行，探头线圈电磁场的作用范围为环状区域，检测效率较高，对于缺陷方向的响应较为敏感。

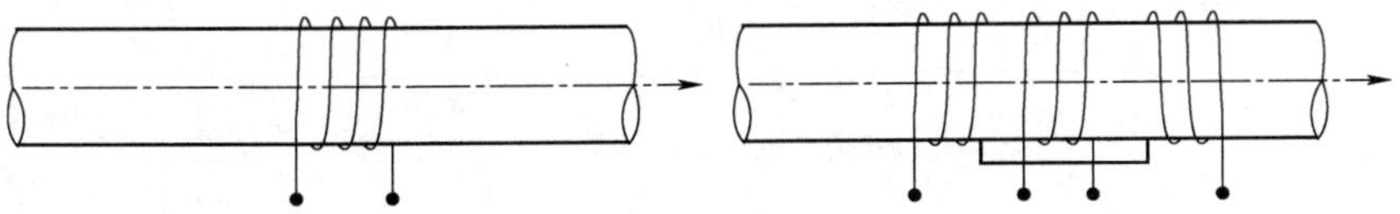

图 2-2　外穿式涡流探头示意图

第三节　放置式探头涡流检测方法

放置式探头又叫放置式线圈，线圈内核可空心或内置磁芯。含有磁芯的线圈相对于空心线圈具有更高的磁导率。放置式探头对于提离效应非常敏感，适合平面或弧面检测。

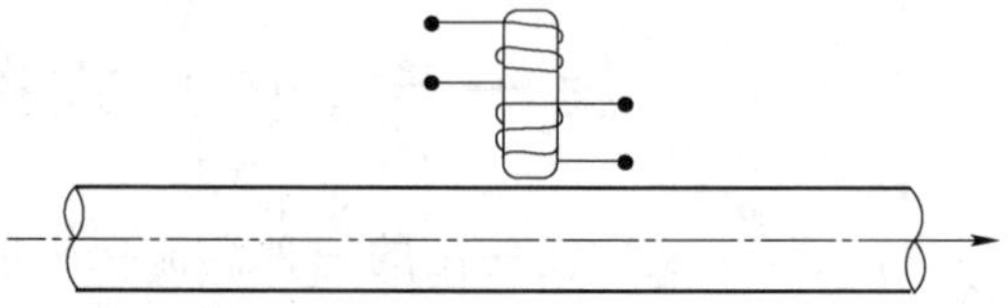

图 2-3　放置式涡流探头示意图

放置式探头线圈的轴线在检测过程中垂直于被检工件的表面(见图 2-3)，可实现对零件表面和近表面质量的缺陷检测。由于这种探头线圈可以设计、制作的非常小，而且线圈中可以附加磁芯，具有增强磁场强度和聚焦磁场的特性，因此具有较高的检测灵敏度，但检测效率相对较低，对于缺陷方向的响应敏感度低，即受裂纹取向的影响小。这类线圈不仅可用于板材、管材、带材、棒材等原材料的检测，而且可更广泛地应用于各种复杂形状零件的检测。

第四节　远场涡流检测方法

远场涡流效应原理如图 2-4 所示。图 2-4(a)是远场涡流检测探头示意图，它一般是内

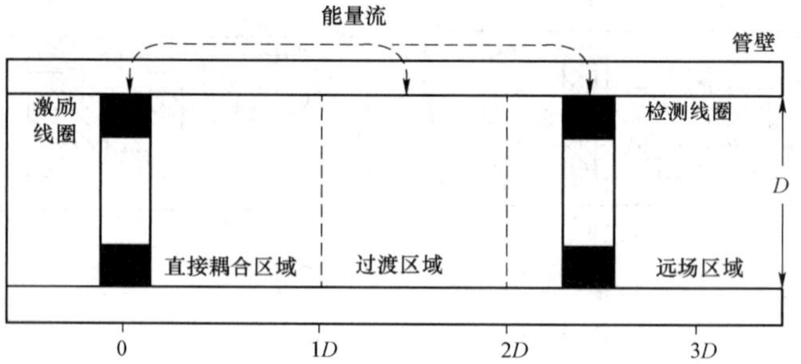

(a)

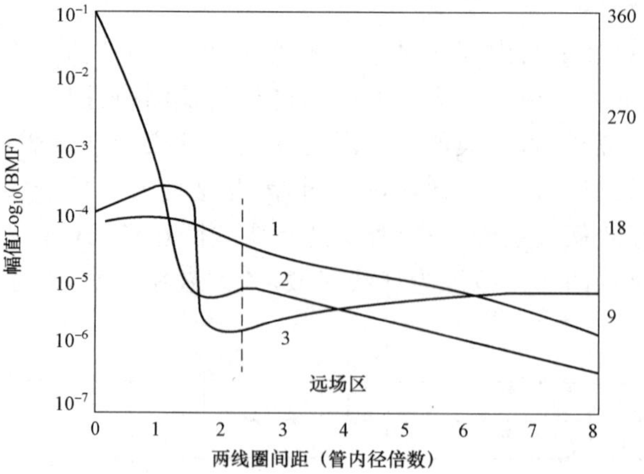

(b)

图 2-4　远场涡流示意图

通过式探头，由激励线圈和检测线圈构成，激励线圈与检测线圈相距 2～3 倍管内径的长度。激励线圈通以低频交流电，产生磁场，检测线圈用以接受发自激励线圈的磁场、涡流信号，利用接收到的信号能有效地判断出金属管道内外壁缺陷和管壁的厚薄情况。

T. R. Schmidt 认为远场涡流的能量耦合可能存在两种方式：一是在管子内部对激励线圈的直接耦合；二是通过管壁与激励线圈间接耦合。近场区直接耦合占优势，远场区间接耦合占优势。

与常规涡流检测方法相比，远场涡流技术有其自身的一些特点。

一、优点

1. 检测系统的制造与操作十分简单；
2. 具有较高的检测灵敏度；
3. 对于低磁性材料管的内外壁缺陷和管壁变薄情况具有相同的检测灵敏度；
4. 壁厚与相位滞后之间存在线性关系；
5. 污物、氧化皮、探头提离以及相对于管子轴线位置的不同等对检测结果影响很小；
6. 在远场范围内，检测线圈摆放的位置对检测灵敏度影响不大；
7. 不受趋肤深度条件的限制；
8. 由于温度对相位测量的影响微不足道，因此应用相位测量技术的远场涡流特别适用于高温、高压状态。

二、缺点

1. 不适用于短小的和非管状的试件；
2. 检测的激励频率低（对于钢管，检测频率范围是 20～200 Hz），因而大大限制了检测速度；
3. 检测线圈的输出信号电压很弱，一般只有微伏级；
4. 不能够辨别缺陷存在于外表面还是内表面。

思考题

1. 简述远场涡流检测的优缺点。
2. 简述内穿式、外穿式、放置式探头涡流检测特点。

第三章　涡流检测设备与器材

第一节　涡流检测仪器

涡流检测仪是涡流检测系统的核心部分。根据不同的检测对象和检测目的，研制出各种类型和用途的检测仪器。尽管各类仪器的电器组成和结构各不相同，但工作原理和基本结构形式相同。涡流检测仪的基本组成部分和工作原理是：激励单元的信号发生器产生交变电流供给检测线圈，放大单元将检测线圈拾取的电压信号放大并传送给处理单元，处理单元抑制或消除干扰信号，提取有用信号，最终显示单元显示出检测结果。

随着涡流检测仪器制造技术的发展，不仅出现了多种同时具备检测、电导率测量、膜层厚度测量功能的通用型仪器，而且还能够以阻抗幅值和阻抗平面两种形式显示检测信号。

一、检测仪器的分类

根据检测对象和目的的不同对涡流检测仪器进行分类是最常见的分类方式，一般分为涡流检测仪、涡流电导仪和涡流测厚仪三种，也有一些型号的仪器，除了具备涡流检测这一主要功能外，还兼有电导率测量、甚至膜层厚度测量的功能，但与单一功能的电导仪和测厚仪相比，这类通用型仪器对于电导率或厚度的测量精度要低得多。从另一个方面讲，任何一个涡流检测仪都同时具备检测、测电导率和测厚的能力，只是在检测范围和分辨力上存在明显的差异而已。

按照对检测结果显示方式的不同，涡流检测仪可分为阻抗幅值型和阻抗平面型，这一般是针对涡流检测仪而言，不包括涡流电导仪和测厚仪。阻抗幅值型仪器在显示终端仅给出检测结果幅度的相关信息，不包含检测信号的相位信息，如电表指针的指示、数字表头的读数及示波器时基线上的波形显示等。值得注意的是，该类仪器所指示的结果并不是最大阻抗值或阻抗变化的最大值，而通常是在最有利于抑制干扰信号的相位条件下的阻抗分量，这一点可以通过对具有相位调节功能仪器上相位旋钮的调整，观察电表指针摆动幅度的变化或示波器时基线上的波形幅度的变化加以确认。指针式涡流检测仪、涡流电导仪和涡流测厚仪均属于该类型仪器。阻抗平面型仪器在其显示终端不仅给出检测结果幅度的信息，而且同时给出了检测信号的相位信息。当调节相位控制旋钮(或按键)时，只是显示信号的相位角发生变化，而其幅值不会发生变化。带有荧光示波屏或液晶屏的涡流检测仪大多属于阻抗平面型仪器。

按照仪器的工作频率特征，涡流检测仪可分为单频涡流仪和多频涡流仪。单频涡流仪并非仅限于只有单一激励频率的仪器，如涡流测厚仪和大部分涡流电导仪，而是包括激励频带非常宽的涡流检测仪。尽管宽频带的涡流检测仪可以激励不同工作频率的线圈进行检测，但由于同一时刻仅以单一的选定频率工作，因此仍归类于单频涡流仪。多频涡流仪是指同时可以选择两个或两个以上检测频率工作的涡流检测仪和具有两种或两种以上工作频率的涡流电导仪。对于多频涡流检测仪而言，是指仪器具有两个或两个以上的信号激励与检测的工作通道，因此又称作多通道涡流检测仪。

二、检测仪器的组成及各部分的作用

图 3-1 是涡流检测仪器最基本的原理图。振荡器产生的交变电流流过置于导电体上的线圈，在线圈周围形成交变磁场，并在导体表面产生涡流；当检测线圈位置发生变化时，由于线圈所处位置下面存在缺陷，导体形状、尺寸或材料电磁特性有所变化，都会引起涡流的大小发生改变并通过二次磁场作用于检测线圈，使线圈阻抗发生变化，通过并联于检测线圈的电表可以显示出这一变化。

在大多数检测中，线圈的阻抗变化很小。例如，线圈经过缺陷时阻抗变化可能小于 1%，采用如图 3-1 所示的检测装置很难检测到如此小的阻抗或电压的绝对变化，因此在涡流检测仪的设计制作中必须采用各种电桥、平衡电路和放大器等，以提取和放大线圈阻抗的变化。

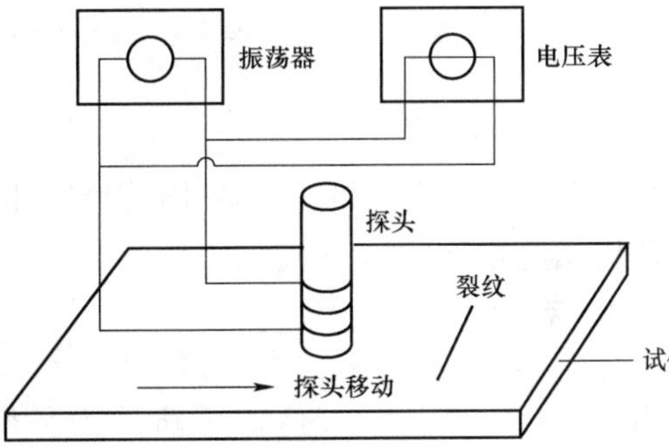

图 3-1　涡流检测仪基本原理图

如前所述，常用的涡流检测仪有两类，一类是仅显示检测缺陷信号的幅度，另一类是显示检测信号的幅度和相位。图 3-2、图 3-3 分别给出了这两类仪器的电路原理框图。

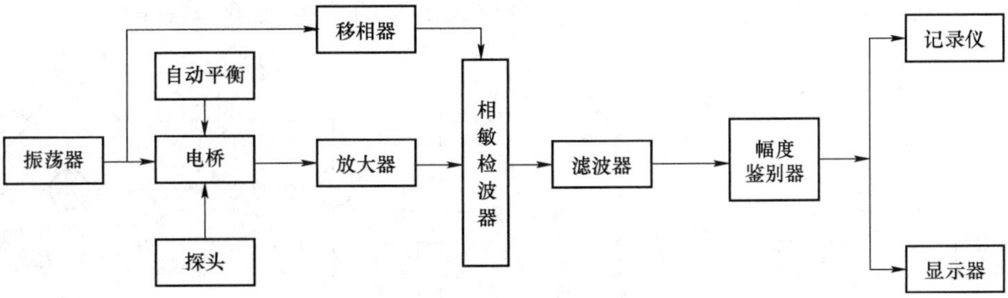

图 3-2　指针式涡流仪电路框图

幅度显示类型的仪器由振荡器产生交变信号供给电桥和检测线圈，信号经放大、相敏检波、滤波和幅度鉴别器，检测信号中的干扰信号被去除，缺陷信号（或期望得到的信号）被获取并在显示和记录单元以信号的幅值量被显示和记录。阻抗平面显示类型的仪器在信号的激励产生、提取及放大等信号处理方面与幅值显示类型仪器的工作原理及过程基本相同，所不同的是：信号经过相敏检波和滤波变成一个包含有线圈阻抗变化的相位和幅度信息的直流信号。该信号被分解成 X 和 Y 两个相互垂直的分量，在 X-Y 显示屏上进行显示。信号的两个分量能同时旋转，因此可以选择任意的参考相位对信号进行相位和幅度分析。这种仪器除了具有幅度显示和分析的功能，还具有信号相位的显示和分析功能，较幅度显示类型仪器在技术上提高了一大步。

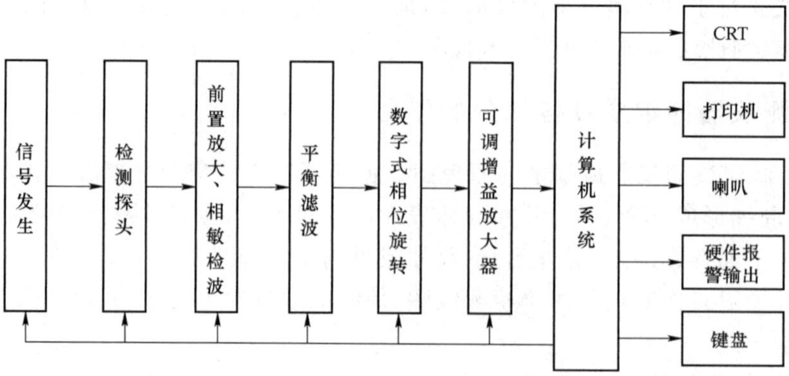

图 3-3 阻抗平面式涡流仪电路框图

1. 桥式电路

振荡器产生交变信号供给桥式电路，该电路可用以检出桥臂阻抗的变化。图 3-4(a)为典型的桥式电路，由欧姆定律得：

$$U_1=\frac{Z_2}{Z_1+Z_2}U_i \qquad U_2=\frac{Z_4}{Z_3+Z_4}U_i$$

当$U_1=U_2$，即$U_0=0$ 时，该桥路处于平衡状态，桥路各桥臂阻抗之间有$Z_1Z_4=Z_2Z_3$关系。

涡流检测中，通常将涡流检测线圈作为构成平衡电桥的一个桥臂，该桥臂上的检测线圈与另一个桥臂上的比较线圈二者的阻抗不可能完全相等，一般需要通过调节平衡电桥中的可变电阻来消除两个线圈之间的电位差，实现桥式电路的平衡，如图 3-4(b)。

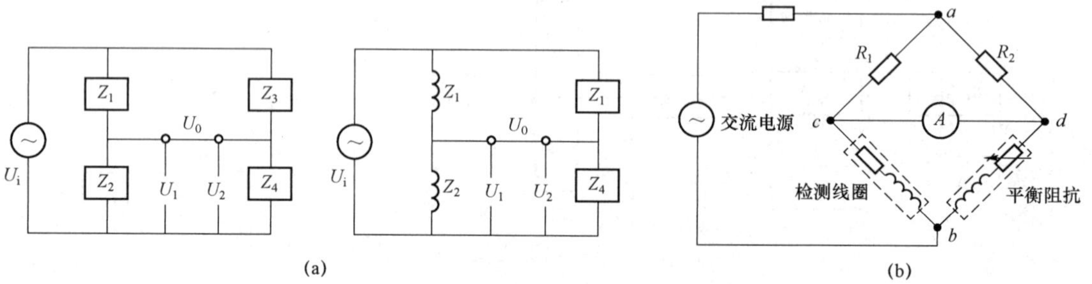

图 3-4 桥式电路

(a) 平衡电桥电路；(b) 检测线圈作为电桥桥臂之一的平衡电路

当检测线圈阻抗发生变化(如线圈下被检测零件中出现缺陷)，其两端电压就会发生变化，于是桥路失去平衡，这时输出电压不再为零，而是一个非常微弱的信号，其大小取决于被检测零件的电磁特性。这就是用线圈阻抗表示试样参数的一种基本实验方法。

除了试件中缺陷可以引起线圈阻抗变化，其他因素，如环境温度的变化同样会引起线圈阻抗的变化，即使桥式电路已调整平衡，随温度的变化又会失去平衡。为避免频繁进行平衡电路的调节，当前使用的涡流检测仪大多采用具有自动平衡功能的桥式电路。

2. 放大单元

不平衡电桥中的信号非常微小，首先要传输到放大倍数相当大的放大单元进行放大。放大单元的输出电压U_o与输入电压U_i之比称为放大倍数，用 A 表示，即 $A=U_o/U_i$。放大单元的放大倍数在涡流检测仪器中通常用增益 G 表示，$G=20\lg A=20\lg(U_o/U_i)$，其单位为 dB。例如，对于一个增益范围为 0～100 dB 的涡流检测仪，其放大单元对输入信号的最大放大倍数与增益的对应关系为：$G=20\lg(U_o/U_i)=20\lg A=100$ dB。对应地可求出最大放大倍数 $A=10^{(G/20)}=10^{(100/20)}=10^5=100\ 000$，即最大放大倍数为 10 万倍。

对于这种放大倍数很高的放大器，要获得信噪比好且失真小的输出信号，要求放大单元必须具有以下特性：① 输入级噪声低；② 放大倍数足够大；③ 动态范围宽；④ 失真小；⑤ 稳定性。这种放大器通常是分立元件和集成电路的组合，其原因是分立元件具有较低的噪声，集成电路具有高而稳定的增益、体积小、直流漂移小的优点。

3. 处理单元

处理单元的作用是抑制或消除检测信号中的干扰信号，并识别和提取有用信号。由于存在方方面面的干扰因素，所形成的噪声信号特征又各不相同，因此涡流检测仪器中设计有具备处理不同特征信号功能的多种信号处理单元。如相敏检波器、滤波器、幅值鉴别器等。

4. 显示单元

经处理得到的检测信号在涡流检测仪的终端得以显示或记录。由于仪器设计与制造上的不同，显示单元有多种形式。早期的涡流仪较多地采用指针式电表、条带记录纸、阴极射线管，目前则较多地采用数码管、阴极射线管、液晶显示屏等。

三、检测信号的分析与处理技术

信号的分析与处理由涡流检测仪器的处理单元完成。针对信号的不同特征所采用的分析与处理技术主要有相位分析法、频率分析法和幅度鉴别法。

1. 相位分析法

相位分析法是一种利用信号相位差对干扰信号进行抑制的信号处理方法，相敏检波法和不平衡电桥法是该类方法中最具有代表性的两种应用方法。

(1) 相敏检波法

为了更好地理解相敏检波技术，首先要了解移相器及其工作原理。移相器是一种可将某电压信号的相位角改变一定相角的电路装置。理想的移相器能够在输出电压保持不变的条件下，把信号相位角从 0°连续地变到 360°。

图 3-5 示出了一个由检测线圈检出并经放大电路放大了的信号U_Z，它是由相位角分别为θ_1和θ_2的干扰信号U_N和缺陷信号U_F叠加形成。

通过调整移相器的可变电阻，将移相器输出电压信号的相位调整到与干扰信号垂直的 OT 方向，并作为控制该相位角条件下控制信号输出的开关。由于干扰信号与移相器输出的控制信号垂直，因此干扰信号电压U_N在控制电压 OT 方向

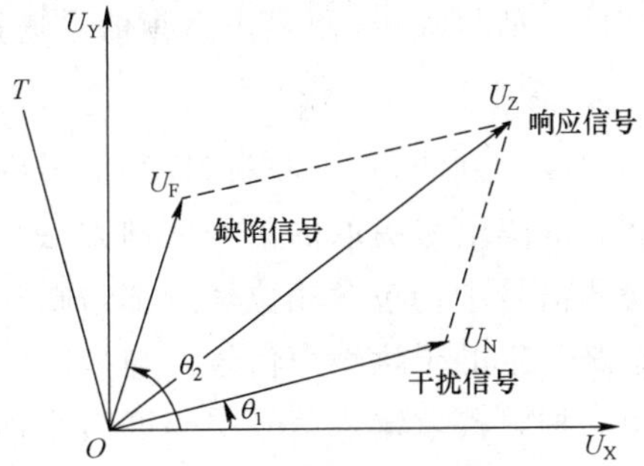

图 3-5　涡流响应信号的矢量分解

上的输出电压$U_{NOT}=U_N\cos 90°$，为0，即干扰信号电压经相敏检波后不再出现。缺陷信号电压U_F在控制电压OT方向上的输出电压$U_{FOT}=U_F\cos(90°+\theta_1-\theta_2)$，不等于0，缺陷信号电压经相敏检波器后仍有输出。

由于这种相敏检波器的电路比较简单，因此在涡流仪器中广泛采用。然而，当干扰信号U_N不是一条直线，而是一条曲线，采用上述方式抑制干扰信号就达不到理想的效果。

（2）不平衡电桥法

相敏检波法是以选定相位的电压作为控制电压来抑制检测线圈桥路输出的干扰信号。不平衡电桥法，又称谐振电路法，也可以抑制阻抗平面中不希望有的干扰信号，这种干扰信号的电压变化轨迹近似圆弧形，采用相敏检波法是难以抑制的。例如图3-6中的AB表示干扰信号的电压轨迹，AC表示缺陷信号的电压轨迹。选择圆弧$\overset{\frown}{AB}$的中心O点作为参考点，因此干扰信号的电压轨迹对于O点来说都是相等的，而缺陷的电压轨迹与O点的距离不同，因此桥路的输出电压就会有变化。再设置一个振幅为OA或OB的参考电压，相位与OA或OB信号的相位相反，因此电桥的输出电压与干扰电压无关，而仅输出由缺陷引起的电压变化，这样干扰信号就被完全抑制掉了。

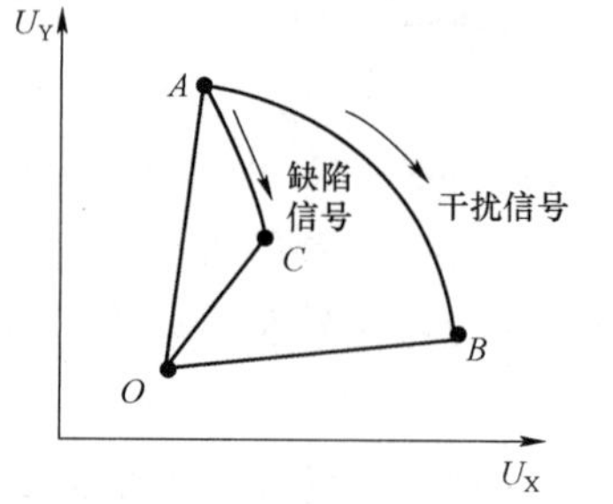

图3-6　采用不平衡电桥法抑制干扰信号的原理

在采用放置式线圈进行扫查检测时，线圈的提离信号即属于这种变化轨迹为圆弧形的干扰信号，提离干扰信号的抑制就是利用桥路在特定的不平衡状态下实现的，因此这种信号处理的方法被称为不平衡电桥法。

2. 频率分析法

频率分析法是一种根据检测信号中干扰信号与缺陷信号的频率差异实现对干扰信号抑制和缺陷信号提取的信号处理方法。在涡流检测信号中，除了缺陷信号外，还包含着如试样外形尺寸变化和电导率不均匀等因素产生的干扰信号。人们在实践中发现，一般由被检管材直径或电导率变化产生的信号，其持续时间比试件上裂纹、折叠等缺陷信号所产生信号的持续时间明显要长。也就是说，由管材直径和电导率变化所产生信号的调制频率是较低的。

滤波器是一种能使某频率范围的信号较顺利地通过，而使该频率范围以外的信号受到较大衰减的装置。只允许高频信号通过，而阻碍低频信号通过的滤波器称为高通滤波器；只允许低频信号通过，而阻止高频信号通过的滤波器称为低通滤波器。

3. 幅度鉴别法

幅度鉴别法是一种根据检测信号中干扰信号与缺陷信号的幅度差异，实现对干扰信号抑制和缺陷信号提取的信号处理方法。经过了相位和频率分析法对检测信号处理之后，往往检测信号中仍包含相位和频率与缺陷信号的相位和频率没有显著差异的干扰信号，如仪器电路产生的干扰噪声信号。与缺陷信号相比，电噪声信号的幅度往往比缺陷信号幅度低。采用一种只提取输入信号中幅度高于预置电平的信号而消除幅度低于预置电平的噪声信号的门槛触发电路，即可实现对这类干扰信号的抑制，达到改善缺陷信号信噪比的目的。

这种通过预置电平抑制干扰信号的电路称为拒斥器，或幅度鉴别器。拒斥器的工作原理是：由于输入信号中噪声信号均低于拒斥电平U_r，达不到触发该电路所要求的电压水平，电路处于关闭状态，因此输出电压为0；而输入信号中的缺陷信号幅度均大于U_r，足以触发电路导通，并按其输入-输出特性曲线输出等幅的或放大的缺陷信号。

第二节　涡流检测探头

涡流检测线圈通常又称探头。从制作方式和检测信号产生原理两方面考虑，“检测线圈”这名称比“探头”要更准确、合理。“探头”是各种小尺寸探测器的俗称，在电磁检测中，有几种原理不同的“探头”，如霍尔元件、磁敏二极管及电磁线圈等。涡流检测中通常所称的“探头”即其中的“电磁线圈”，它是用直径非常细的铜线按一定方式缠绕而成，在通以交流电时能够产生交变的磁场，并在与其接近的导电体中激励产生涡流；同时，“电磁线圈”还具有接收感应电流（即涡流）所产生的感应磁场、将感应磁场转换为交变的电信号的功能，并将检测信号传输给检测仪器。虽然霍尔元件、磁敏二极管都具有将磁场信号转换成电信号的性能，但二者不具有激励产生磁场的作用。“检测线圈”这名称，一方面，表明了涡流检测所采用的探测器是由金属细线缠绕而成的制作方式；另一方面揭示了涡流检测是基于“电磁感应现象”这一本质特征。

检测线圈与采用霍尔元件、磁敏二极管等其他基于磁电转换原理的测试探头相比，具有以下优点：① 同时具备激励和拾取信号两项功能；② 可根据被检测对象的外形结构、尺寸和检测目的，设计、制作成不同缠绕方式、不同大小且形状各异的线圈，能够更好地适应不同的检测对象和满足检测要求；③ 受温度影响较小，可适用于高温条件下的检测。

检测线圈是构成涡流检测系统的重要组成部分，对于检测结果的好坏起着重要的作用。线圈的结构与形式不同，其性能和适用性也随之形成很大差异。涡流检测线圈的分类有多种方式，常用的分类方式有以下三种：按感应方式分类，按应用方式分类和按比较方式分类。

一、按感应方式分类

按照感应方式不同，检测线圈可分为自感式线圈和互感式线圈，又称为参量式线圈和变压器式线圈。（见图3-7）。

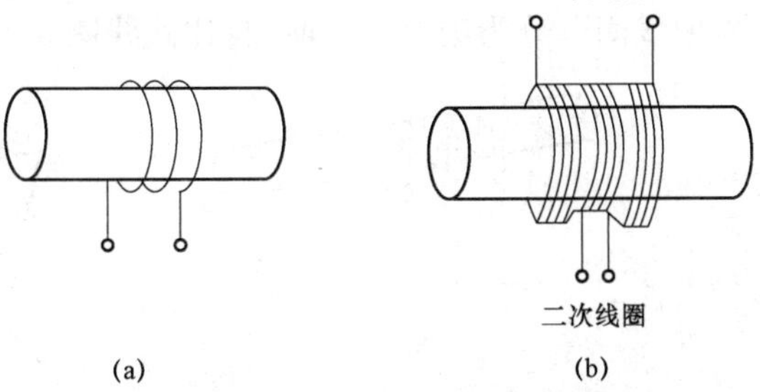

图3-7　不同感应方式的检测线圈
(a) 自感式线圈；(b) 互感式线圈

自感式线圈由单个线圈构成，该线圈既作为产生激励磁场、在导电体中形成涡流的激励线圈，同时又是感应、接收导电体中涡流再生磁场信号的检测线圈，故名自感线圈。互感线圈一般由两个或两组线圈构成，其中一个线圈是用于产生激励磁场、在导电体中形成涡流的激励线圈（又称一次线圈），另一个（组）线圈是感应、接收导电体中涡流再生磁场信号的检测线圈（又称二次线圈）。

二、按应用方式分类

按照应用方式不同，检测线圈可分为外通过式线圈、内穿过式线圈和放置式线圈（见图 3-8）。

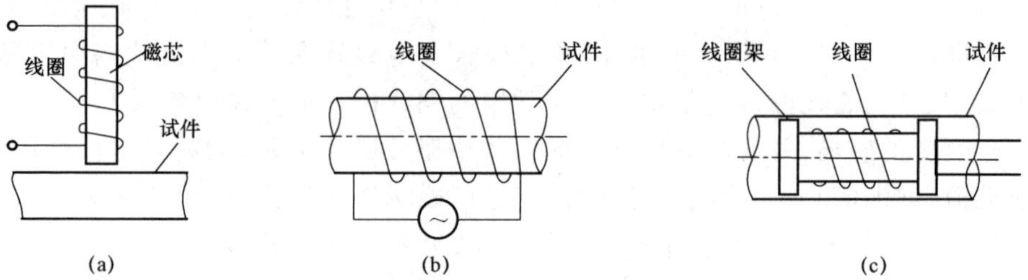

图 3-8 不同应用方式的检测线圈

(a) 放置式线圈；(b) 外通过式线圈；(c) 内穿式线圈

外通过式线圈是将工件插入并通过线圈内部进行检测，广泛用于管、棒、线材的在线涡流检测。对于厚壁管材和棒材而言，受涡流集肤效应的限制，一般仅可实现对表面和近表面质量进行检测。由于形状规则的管、棒、线材可非接触地通过线圈，因此易于实现对批量材料的高速、自动化检测。内穿式线圈是将其插入并通过被检管材（或管道）内部进行检测，广泛用于管材或管道质量的在役涡流检测。放置式线圈又称为探头式线圈，不同于外通过式线圈和内穿式线圈在应用过程中其轴线平行于被检工件的表面，放置式线圈的轴线在检测过程中垂直于被检零件表面，实现对零件表面和近表面质量的缺陷检测。这种线圈可以设计、制作得非常小，而且线圈中可以附加磁芯，具有增强磁场强度和聚焦磁场的特性，因此具有较高的检测灵敏度。该类线圈不仅可用于板材、带材、管材、棒材等原材料的检测，而且可更广泛地应用于各种复杂形状零件的检测。

三、按比较方式分类

按照比较方式不同，检测线圈可分为绝对式线圈、自比式线圈和他比式线圈（见图 3-9）。

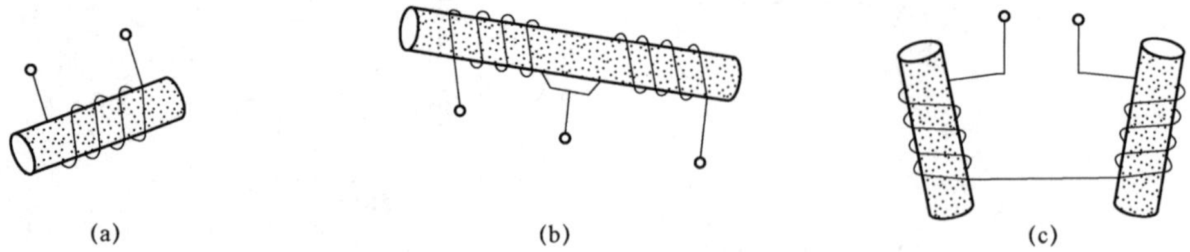

图 3-9 不同比较方式的检测线圈

(a) 绝对式线圈；(b) 自比式线圈；(c) 他比式线圈

绝对式线圈是一种由一个同时起激励和检测作用的线圈或一个激励线圈（一次线圈）和一个检测线圈（二次线圈）构成，仅针对被检测对象某一位置的电磁特性直接进行检测的线圈，而不与被检对象的其他部位或对比试样某一部位的电磁特性通过比较进行检测。自比式线圈是一种由一个激励线圈(一次线圈)和两个检测线圈(二次线圈)构成，针对被检测对象两处相邻近位置通过其自身电磁特性差异的比较进行检测的线圈，又称差动式线圈。他比式线圈是一种针对被检测对象某一位置通过与另一对象电磁特性差异的比较进行检测的线圈，通常这一参比对象是对比试样。

上面从不同角度对涡流检测线圈进行了分类，所划分的不同类型线圈之间在大多数情况下并不是并列和独立的，而是相互交叉与包容。虽然从感应方式、应用方式和比较方式三个方面细分，涡流检测线圈可以有10余种不同形式，但在实际应用中通常是仅根据其中某一原则进行线圈分类。

四、各类检测线圈的特点

由于自感式线圈只有一个线圈，具有绕制方便、对多种影响被检对象电磁性能因素的综合效应响应灵敏的特点，同时，由于激励线圈和检测线圈二者合为一体，因此对某一影响因素的单独作用效应难以区分。互感式线圈的激励线圈和检测线圈相互独立、各司其职，对不同影响因素响应信号的提取和处理比较方便。

外通过式、内穿式和放置式检测线圈是根据不同应用对象在线圈外形设计与制作上形成了差异，不同线圈的特点首先体现在对检测对象的适应性上，即外通过式线圈可用于检测管、棒、线等多种材料，内穿式线圈则仅可用于检测管材及管材制品，放置式线圈不仅可用于管、棒、线材的检测，而且可用于检测板材、型材以及形状复杂的零件；其次，由于外通过式和内穿式线圈电磁场的作用范围为环状区域，而放置式线圈检测范围为尺寸较小的点状区域，因此外通过式和内穿式线圈的检测效率要明显高于放置式线圈；再次，外通过式和内穿式线圈在管壁和(或)棒材表层感应产生的涡流沿管、棒材周向方向流动，对于缺陷方向的响应较为敏感，而放置式线圈在试件表面被检部位感应产生的涡流呈圆形，对于缺陷方向的响应敏感度低，即受裂纹取向的影响小，加上线圈中心缠有铁氧体磁芯，利于集中磁场能量，因此检测灵敏度最高。

绝对式线圈只有一个检测线圈，不仅对被检对象的各种情况，如材质、形状、尺寸等均能够产生响应，而且受环境条件(如温度变化和外界电磁场干扰)的影响较为明显。由于自比式线圈的两个二次线圈缠绕方向相反，在同一时刻同一方向交变磁场条件下感应产生的涡流流动方向相反，即在以串联方式联接的检测线圈输出端的感应电压是两个检测线圈中感应涡流与线圈阻抗乘积的差值，故称差动式线圈。这种线圈利于抑制由于环境温度、工件外形尺寸等缓慢变化引起的线圈阻抗的变化。他比式线圈实际上是由两个独立线圈构成的一个线圈组，其中一个线圈作用于被检测对象，另一个线圈作用于对比试样，通过比较两个线圈分别作用于被检测对象和对比试样时产生的电磁感应差异来评价被检测对象的质量，这种检测方式具有能够发现外形尺寸、化学成分缓慢变化的优点。

五、涡流信号的形成

涡流检测信号在检测线圈中的形成是一个较复杂的过程，并且随检测线圈结构不同，检测信号的形成也有所不同。

当检测线圈中的激励线圈(一次线圈)通有交变电流时，在激励线圈的每一匝线圈的周围产生大小和方向交替变化的电磁场，并分别作用于检测线圈（二次线圈）的每一匝线圈；在每匝线圈的闭合回路中感应产生电动势，由法拉第电磁感应定律可以计算得出感应电动势的大小。检测线圈（二次线圈）是由紧密缠绕的许多匝线圈组成，检测线圈的感应电动势是组成该线圈的每匝线圈的电动势之和。对于差动式线圈，由于检测线圈是由两个匝数相同、缠绕方向相反的二次线圈构成，二者所形成的电动势大小相等，但方向相反，因此相互抵消，理论上讲检测线圈（二次线圈）内不能形成电流流动，因此没有涡流信号。对于绝对式线圈，检测线圈在感应电动势作用下，在闭合的检测线圈（二次线圈）内形成电流流动。

当检测线圈接近导电体时，激励线圈的交变磁场不仅作用于二次线圈，同时还作用于导体，并在导体中感应产生涡流。导体中每一点涡流的大小与方向是每一匝激励线圈和检测线圈（二次线圈）电磁感应综合作用的矢量和；导体中形成的涡流以再生交变磁场的形式反作用于激励线圈和检测线圈（二次线圈），导体中涡流产生的磁场阻碍线圈磁场的变化，使线圈内的电流大小发生变化；同时，随着激励线圈和检测线圈（二次线圈）内电流发生变化，线圈的激励磁场随之发生变化，导体中感应涡流的大小也随之发生改变。涡流线圈的激励电磁场与导体中感应涡流产生的电磁场之间如此相互作用，在线圈平稳置于导体表面上时，迅速达到一种稳定状态。对于差动式线圈，同样由于在两个形状和匝数相同而缠绕方向相反的二次线圈两端形成大小相等而方向相反的感应电动势，因此在二次线圈中不能形成电流流动，即没有涡流输出信号。当导体中存在电磁特征的不连续，如缺陷、边缘、台阶等，由于检测线圈中的两个二次线圈相对于该不连续的非对称性，在该不连续处发生畸变的涡流所产生的交变磁场在两个二次线圈中感应产生大小不等的电动势，从而在检测线圈中形成电流信号，该信号的大小除了与检测线圈相关参数（如阻抗）有关外，与导体电磁特征的不连续密切相关。对于绝对式互感线圈，在激励线圈的交变磁场与导体中感应涡流再生磁场的合成磁场作用下，检测线圈（二次线圈）两端形成稳态的感应电动势，其中流动的感应电流的大小与导体的电磁特性相关，即检测线圈输出信号中包含了被检测导体的相关信息。

第三节 标准试样与对比试样

涡流检测与其他无损检测方法一样，其对于被检测对象质与量的评价和检测都是通过与已知样品质与量的比较而得出的。如果脱离了这类起参比作用的样品，任何无损检测方法将无从实施，这类参考物质在无损检测中通常被称作标准试样或对比试样。根据标准试样或对比试样的具体形态不同，又有标准试块和对比试块，或标准试片和对比试片之分。

目前在一些标准文件和文献资料中对于标准试样和对比试样冠以不同的名称，甚至对标准试样和对比试样不加区分地混用。以下从无损检测技术领域已形成的较为广泛共识的角度，对涡流检测中涉及的标准试样和对比试样作一介绍。

标准试样是按相关标准规定的技术条件加工制作、并经被认可的技术机构认证的用于评价检测系统性能的试样。上述定义确定了标准试样的属性和用途。属性之一是必须满足相关技术条件要求，如规格尺寸，材质均匀且无自然缺陷，人工缺陷的形式、位置、数量、大小等。属性之二是应得到授权的技术权威机构的书面确认和批准。标准试样不仅应在加工制作完成后需要得到认证，在长期重复使用过程中还应按相关标准文件规定定期进行认证。标准试样的本质用途是评价检测系统的性能，而不是用于产品的实际检测。

对比试样是针对被检测对象和检测要求按照相关标准规定的技术条件加工制作、并经相关部门确认的用于被检对象质量符合性评价的试样。与标准试样的定义相比，可以看到对比试样不同于标准试样的重要属性包括以下两个方面：一是与被检测对象密切相关，即对比试样的材料特性与被检测对象必须相同或相近，这点在标准的技术要求中会作出明确规定，如材料牌号、热处理状态、规格或形状等；二是与检测要求相适应，即对比试样上人工缺陷的形式和大小应根据检测要求确定，这一点是由对比试样的本质用途所决定。根据定义，对比试样是用作被检测对象质量状况的评价依据，因此其上面人工缺陷的形式和大小尺寸应根据被检测对象在制造或使用过程中最可能产生的自然缺陷的种类、方向、位置和对产品可靠使用的影响等因素确定。

对比试样同样应按照相关标准文件或技术条件要求制作，一般不允许带有自然缺陷。虽然可以不要求对比试样必须经过技术权威的认证和进行周期检定，但应当由相关部门(如质检部门或计量部门)采用适当、可靠的方法对其作出满足相关标准文件或技术条件要求的结论。如果对比试样在使用过程中外形尺寸、材质和缺陷大小不会发生变化，一般在初次验证合格后可不必定期进行检定。为确认对比试样上述各项参数的稳定性，使用部门定期采用简单实用的方法对其进行核查是必要的。

一、标准试样

为使测试、评价结果具有良好的可重复性和可比性，标准对系统测试用标准样管的规格、尺寸及材料做了统一规定：建议采用外径为 25 mm、壁厚为 2 mm、长度为 2 000 mm 的铜(SF-Cu)、奥氏体不锈钢(X-10，1Crl8Ni9Ti)、铜-锌合金(CuZn20Al)和铁磁性钢管(St35. 2)制作。不同材料的选用是根据测试的频率范围和所期望的内部缺陷与表面缺陷信号间相位角的差异所决定的。表 3-1、表 3-2 列出了上述材料对应的测试频率范围和不同测试频率条件下各种材料管材内、外壁缺陷涡流响应信号的相位角差。

表 3-1 几种材料管材(壁厚为 2 mm)涡流检测的参考频率 单位：kHz

材料	SF-Cu	X-10	CuZn20Al	St35. 2
测试频率范围	0. 5～6	10	2. 5～30	1～50

表 3-2 不同测试频率条件下各种材料管材内、外壁缺陷涡流响应信号的相位角差

f/kHz	内、外表面环形槽响应信号的相位角差/(°)			
	铜 (52. 0 MS/m)	CuZn20Al (12. 5 MS/m)	奥氏体不锈钢 (1. 4 MS/m)	碳钢 (5. 8 MS/m)
0. 5	30	—	—	—
1	50	—	—	28
3	128	42	—	48
6	200	73	—	60
10	—	110	—	73
20	—	175	32	95
30	—	220	45	115

续表

f/kHz	内、外表面环形槽响应信号的相位角差/(°)			
	铜 (52.0 MS/m)	CuZn20Al (12.5 MS/m)	奥氏体不锈钢 (1.4 MS/m)	碳钢 (5.8 MS/m)
50	—	—	70	152
100	—	—	120	—
300	—	—	230	—

如图 3-10 所示，在管材试样一端管壁同一母线位置上加工 10 个间距为 20 mm、直径为 1 mm 的通孔缺陷。通过记录和比较各人工缺陷响应信号的大小，可评价涡流仪对靠近管材端部缺陷的检测分辨能力，即检测系统的端部效应。

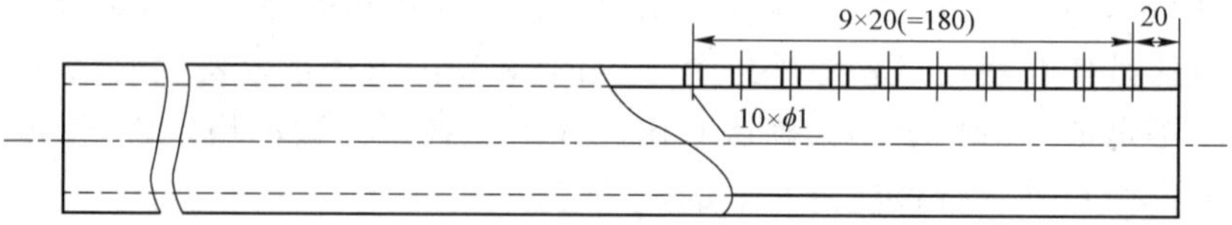

图 3-10 用于评价检测系统端部效应的标准试样

评价涡流检测系统的不同性能需要采用不同的标准试样。

二、对比试样

如前所述，对比试样的本质用途是建立评价被检测产品质量符合性的标准，即以对比试样上人工缺陷作为判定该产品经涡流检测是否合格的依据。除此之外，对比试样在检测过程中还具有以下作用：① 对涡流检测系统进行调试，如检测频率、相位等检测参数的设定和机械系统传送速度、稳定度的调整；② 检测系统长时间工作稳定性的监测。为消除外界干扰因素的影响，保证涡流检测结果的一致性，通常在涡流检测系统连续工作一段时间后（如 2 h 或 4 h）或发现涡流仪器显示出现异常时，要求采用对比试样对检测系统进行重新测试。

由于对比试样的形状相对被检测产品必须具有代表性，因此对比试样的形状必然是千差万别、各不相同的。按照对比试样上人工缺陷的形式不同，可分为孔形缺陷对比试样和槽形缺陷伤对比试样。按照涡流检测应用对象的不同，也可分为外通过式线圈检测用对比试样、内穿过式线圈检测用对比试样和放置式线圈检测用对比试样。无论是用于哪一类产品检测的对比试样，其上人工缺陷的形式并不受统一的限定，而是由产品制造或使用过程中最可能产生缺陷的性质、形态所决定。

通孔形人工缺陷能较好地代表穿透性孔洞，虽然穿透性孔洞在管材制造过程中较少出现，但由于通孔缺陷最易于加工，因此被广泛采用。平底盲孔缺陷对于管壁的腐蚀具有较好的代表性，因此在在役管材的涡流检测中较多采用。槽形人工缺陷能更好地代表管、棒材制造过程产生的折叠及使用过程中出现的开裂等条状缺陷和各种机械零件使用过程产生的疲劳裂纹，可以说槽形人工缺陷在多数情况下比通孔缺陷对于自然缺陷具有更广泛、真实的代表性，但由于槽形缺陷的加工与测量比孔形缺陷难度大，因此在涡流对比试样制作中并没有更广泛地选择槽形人工缺陷，这也是人们对涡流检测结果可靠性不能够充分信任的重要原因之一。

图 3-11 所示试样是一典型的管材检测用对比试样。试样上 3 个通孔缺陷沿轴向方向等距离排列，在圆周方向上以 120°均匀分布在圆周面上，其作用是调定检测灵敏度和传动系统的对中状态；在接近对比样管某一端部位置上的通孔的作用是评价和保证涡流检测系统的端部盲区。

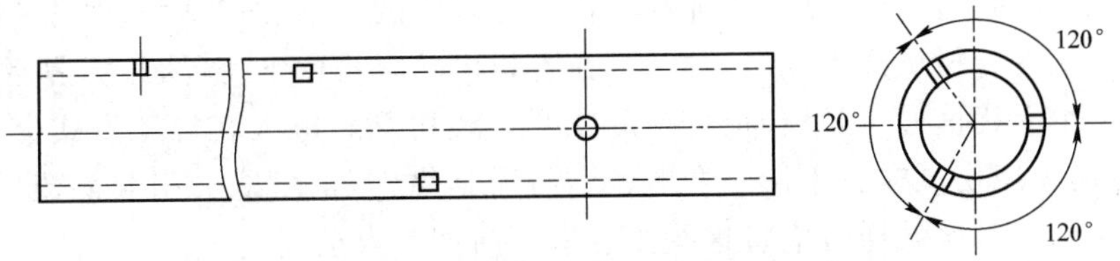

图 3-11　评价检测系统周向灵敏度差的标准试样

图 3-12 所示试样是一典型的热交换器管检测用对比试样。试样外表面从左至右加工有 5 个深度分别为管材壁厚 10%、20%、30%、40%和 50%深度的周向刻槽，内表面刻有 1 个深度为壁厚 10%的周向刻槽，槽深容许偏差为 0.075 mm。各槽宽度和间距分别均为 50 mm 和 25 mm，槽宽和间距容许偏差为 1.5 mm。

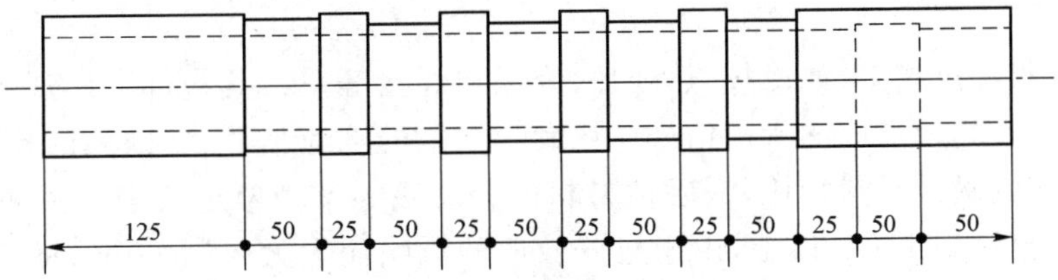

图 3-12　热交换器管检测用对比试样

图 3-13 给出了两个零件检测用典型对比试样。图 3-13 分别是用于平板试件或具有较大曲率半径试件和带有螺栓孔零件检测的对比试样。槽的深度如图 3-13 所示，宽度为 0.15 mm，容许偏差均为±0.05 mm。

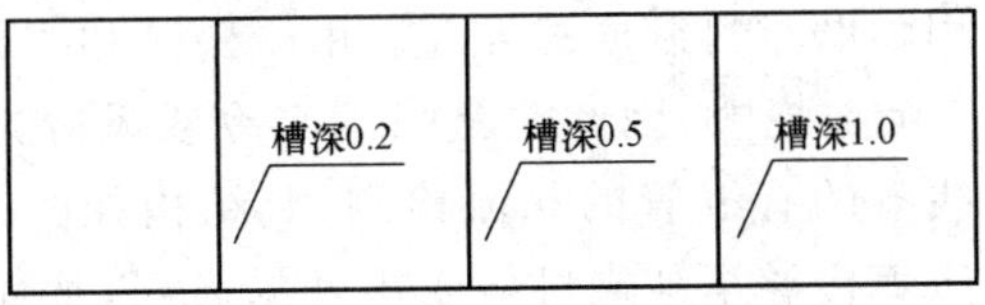

(a)

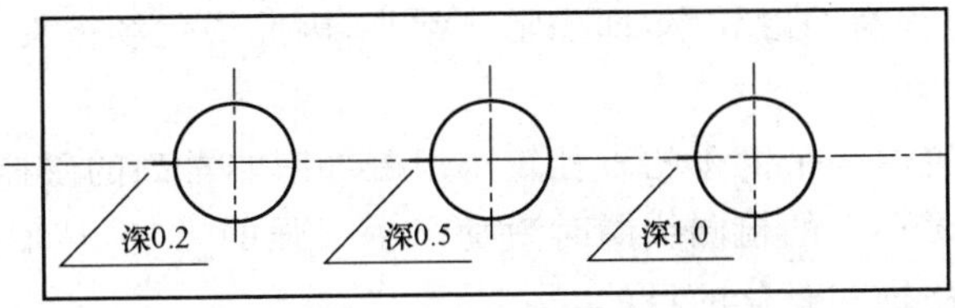

(b)

图 3-13　零件检测用对比试样

(a) 平面或大曲面半径试件检测用对比试样；(b) 螺栓孔检测用对比试样

对比试样上孔形缺陷的制作一般采用机械加工的方法，在加工平底孔时，应选用平刃刀具钻制。槽形缺陷的制作一般采用电化学加工方式，最常用的两种加工方法是线切割和电火花。前一种方法适用于贯穿整个加工面的槽形缺陷的加工，槽形缺陷宽度一般可达到0.15 mm，更细小的槽则难以加工；后一种方法适用于较短槽形缺陷的加工，刻槽宽度可达到0.05 mm，对于长度大于20 mm的槽形缺陷，加工电极则难以保证槽形缺陷的平直度。

在加工孔形缺陷过程中，钻头施加给对比试样较大的压力和切削力，因此需要注意防止试样产生变形。在管材试样上加工通孔时，在管材内壁容易留下切屑，即所谓毛刺。毛刺的存在不仅会产生干扰信号，而且会损伤检测线圈。线切割和电火花加工方式会产生较大的热量，应注意避免烧伤试样。不论是变形、毛刺，还是烧伤，都可能会引起涡流效应，因此涡流检测人员在制作对比试样时应将这些注意事项向加工人员提出。

第四节　涡流检测辅助装置及其应用

涡流检测辅助装置是指除检测线圈和仪器之外的，对材料或零件实施可靠检测所必要的装置，主要包括磁饱和装置、试样传动装置、探头驱动装置、标记装置等。

一、磁饱和装置

铁磁性材料经过加工（如冷拔、热处理、旋压和焊接等）后，其内部会出现明显的磁性不均匀，这种磁性不均匀形成的噪声信号往往大于缺陷的响应信号，给缺陷的检出带来困难；另一方面，与非铁磁性材料相比，铁磁性材料的相对磁导率一般远大于1，一些材料的最大相对磁导率甚至达到1 000以上，由于集肤效应的影响而大大限制了涡流的透入深度。对铁磁性材料在检测前进行磁饱和处理是消除磁性不均匀、提高涡流透入深度的有效方法。

涡流检测中使用的磁饱和装置有两类。一类是由线圈构成，并通以直流电。这类磁饱和装置主要包括外通过式线圈的磁饱和装置和磁轭式磁饱和装置。前者主要用于采用外通过式线圈的管、棒材的涡流检测，其结构如图3-14(a)所示。两个磁饱和线圈中间为放置涡流检测线圈留出一定的间距，为防止快速传动的管材或棒材撞伤或磨损磁饱和线圈，分别在两个磁饱和线圈内装有采用耐磨材料制成的导套。由于磁饱和线圈往往长时间通以很大的直流电，线圈很容易发热甚至被烧毁，因此通常采用水冷或风冷方式对磁饱和装置进行冷却。后者可用于采用扇形线圈的有缝管的涡流检测，其结构如图3-14(b)所示。直流电通过线圈时产生的磁场经过磁轭传导至被检材料或零件的表面，从而对被检材料或零件进行饱和磁化。为了充分利用磁化线圈产生的磁场，这类磁饱和装置一般密封在由纯铁制成的外壳内，由于纯铁具有很高的磁导率，即磁阻非常小，因此磁化场被集中“禁锢”在管、棒材料或试样的被检测区域。

另一类磁饱和装置由一个简单的直径较小但磁导率非常高的磁棒或磁环构成。当交流电通过缠绕在磁棒或磁环上的检测线圈时激励产生很强的磁场，从而达到对铁磁性材料或零件的被检测部位实施饱和磁化的目的。

二、试样传动装置

试样传动装置主要用于形状规则产品的自动化检测，在管、棒材生产线上的应用最为广

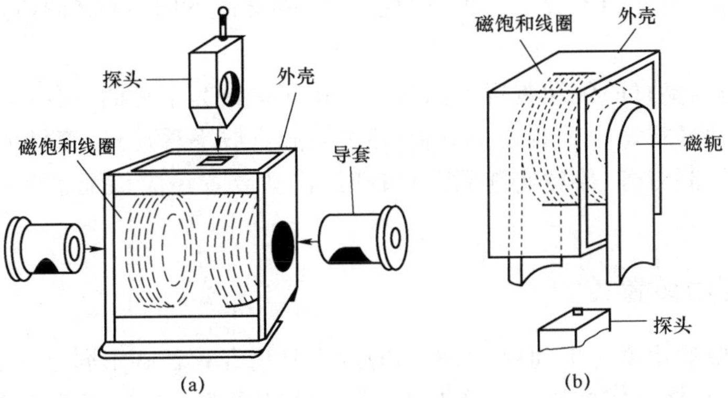

图 3-14　磁饱和装置

泛。图 3-15 所示是一套典型的管、棒材自动检测的传动系统，它是由上料、进料和分料装置组成。上料装置主要有两种形式。一类是以管材生产线的最后输出部分，如矫直后的切割输出装置，直接作为涡流检测系统的输入装置。这类上料形式要求涡流检测系统的运转与管、棒材的生产同步进行，不允许检测系统在中间过程对存在可疑信号的管材或棒材重新进行检测和分析，也不允许对仪器进行定期校准或调试，因此这种将在线产品直接传送到进料装置的上料方式较少采用。另一类上料机构是将批量生产的管、棒材分小批移至物料台上，利用物料架载物平台的倾斜角度或专门机构（如辊轮）逐根将管、棒材送至进料装置。

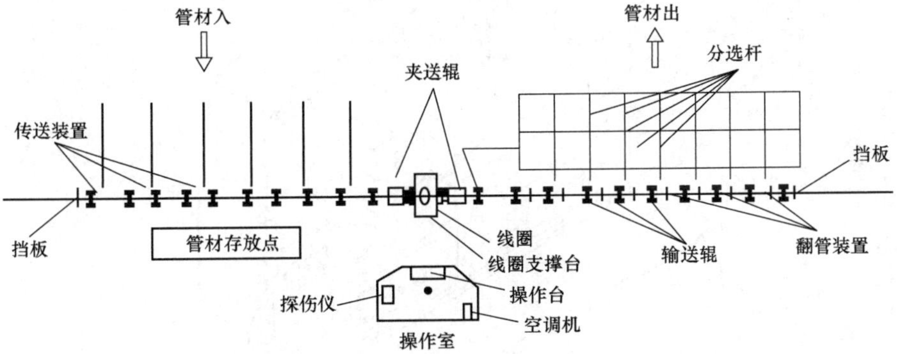

图 3-15　管、棒材涡流自动检测的传动系统

进料装置是将管、棒材输送到涡流线圈检测的部分，为减小或消除由传动不稳定给涡流检测带来干扰，要求传动装置对管棒材的传送尽可能无振动和偏摆，且传送速度稳定、可调。为满足上述要求，通常在检测线圈前后的附近位置分别安装有多组三爪卡盘式的辊轮，每组辊轮通常由三个以适当倾斜角度安置、按 120°排布的耐磨滑轮组成。三个滑轮按 120°角分布可有效地减小和消除振动，多组滚轮精确的向轴心排布可保证管材或棒材的同心传送。由于各滚轮组中的每个滑轮均以相同的倾斜角度匀速转动，通过在管、棒材表面产生的摩擦力推动和拉动管材匀速、稳定地通过检测线圈。对于铁磁性管、棒材的检测，由于磁饱和装置产生的强磁场会对管材或棒材的传送产生较大的阻力，因此还要求进给装置具有足够的输送功率。

分料装置是检测系统按验收标准确定的不同等级的管、棒材实施自动分离的装置，一般可将产品分为合格、可疑和不合格三组，通过对管、棒材按不同方向和不同时间的离线控制予以实现。

如上所述的管、棒材的传动装置是涡流自动检测中最为常见的一种，但并非试件传动装置仅有这一种传动形式。这种装置是对管、棒材实施直线平移传送，管材不做周向转动。当需要采用放置式线圈对管、棒材实施周向扫查时，传动装置还应该配备驱动管、棒材沿周向转动的机构。

三、探头驱动装置

针对不同类型的检测对象和要求，采用的探头驱动方式各有不同。如上所述，当需要采用放置式线圈对管、棒材实施周向扫查时，除了可通过试件传动装置驱动管、棒材沿轴向作平移和转动两种复合运动予以实现外，还可以在管、棒材作直线平移运动的同时，驱动放置式线圈沿管棒材作周向旋转。

换热器传热管的在役检查通常采用内穿过式线圈，对于较大长度的管子，往往需要借助专用的探头驱动装置。图 3-16 所示装置是一种涡流检测的探头推进装置。

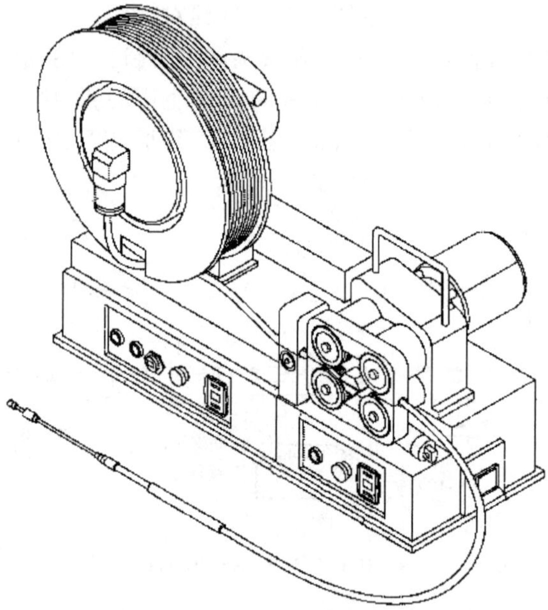

图 3-16 涡流检测的探头推进装置

这种探头驱动装置由非电刷耦合式的直流伺服电动机提供动力，通过示踪编码器对检测线圈实施精确定位，通过闭路反馈系统调整对探头的推力，以消除在行进过程因管壁不同状况而受到的不同的阻力，两组滑轮可匀速、稳定地将探头传送到管子内部任何位置，推进速度可在 0～2 500 mm/s 范围内无级调整。

四、标记装置

标记装置是对被检测对象出现异常信号的位置自动实施记录和标识的装置，在早期的涡流自动检测系统中较多采用。当检测系统发现超出设定水平的信号时输出个报警信号，标记装置接收到报警信号后会自动驱使相关的机械装置在试件的对应部位以设定的方式进行标记，如喷漆、刷涂等。随着检测仪器智能化水平的提高，仪器可根据试件传动装置的进给速度和时间准确计算出线圈检测的位置，通过对试件运动初始位置的标定，可以在检测仪的屏幕或显示界面上给出发现异常显示信号的位置坐标，从而替代了传统的独立于检测仪器之外的机械打标装置。

思考题

1. 简述涡流检测仪器的分类。
2. 简述涡流检测仪器的组成及各部分作用。
3. 简述涡流检测探头的分类。
4. 各类检测线圈有何特点？
5. 涡流信号如何形成？
6. 什么是有标准试样和对比试样，各有什么作用？

第四章　涡流检测技术的应用

第一节　涡流检测应用特点

涡流检测技术以其适用性较强、非接触耦合、检测装置轻便等优点而在冶金、化工、电力、航空、航天、核工业等工业部门得到广泛的应用。涡流检测技术具有较强的适用性主要体现在:1)可用于所有导电材料,不仅包括具有良好导电性的金属材料及制件,如各工业部门广泛应用的铝及铝合金、钛及钛合金、铜及铜合金、奥氏体不锈钢、镍基高温合金等非铁磁性金属材料及制件和铁磁性的钢铁材料及制件,而且还包括导电性较弱的非金属材料,如石墨制品及碳纤维复合材料;2)不仅可用于导电材料及制件表面缺陷的检测,还可用于表面下一定深度范围内近表层缺陷的检测;3)检测线圈形式多样,不仅可适用于规则形状的管、板、棒、丝等原材料,而且还可以适应较复杂形状零件的检测。

涡流检测技术应用的广泛适用性不仅表现为可用于缺陷检测,而且还可用于材料或零件电、磁特性的测量和非铁磁性基体上非导电覆盖层厚度的测量,因此在材料分选、电导率测量、防护层厚度测量等方面也有着广泛的应用。如:铁磁性金属的电导率测量和材质分选,利用涡流电导仪测量非铁磁性金属及其合金电导率,涡流测厚与磁性测厚,测量覆盖层厚度。

由于涡流响应信号较为复杂,且难以将各种干扰信号与缺陷响应区分开来,因此涡流检测结果的可靠性受到一定的影响。此外,虽然涡流在较低频率条件下可达到较大的检测深度,但随之产生的检测灵敏度显著降低使得涡流检测能力往往达不到期望的要求。任何一种无损检测方法都有其优点和局限性,随着信号处理技术的发展和涡流检测仪器智能化程度的提高,近十年来,涡流检测技术呈现出应用范围迅速扩大的趋势。

第二节　涡流检测

涡流检测是涡流检测技术最主要的应用,它可应用于导电材料表面及近表面缺陷的检测。由于涡流检测是基于电磁感应现象,不仅被检测材料或制件的电、磁性能发生变化会引起检测线圈的响应,而且被检测对象的形状、尺寸的变化也会引起感应磁场和涡流分布的改变,正确、可靠的将缺陷信号从多种干扰因素所产生的“噪声”信号中分离、提取出来是涡流检测的根本目标。要达到这一目标,对全部引起涡流响应的因素及其作用规律进行分析、认识是十分必要的。以下通过对工作频率、电导率、磁导率、边沿效应、提离效应等主要影响因素作用规律的阐述说明涡流检测过程通常应注意的事项。

用于涡流检测的检测频率范围约为几十 Hz 至 10 MHz。大多数非铁磁性材料或制件检测选用的频率在几千赫至几百千赫范围。在任何具体的涡流检测中,工作频率是由被检测对象的厚度、期望的透入深度要求、达到的灵敏度或分辨率以及其他检测的目的所决定的。

检测频率的选择往往是上述因素的一种折中，虽然低频条件下可以获得更大的涡流透入深度，但不能无限降低检测频率。因为随着频率的降低发现缺陷的灵敏度也随之降低，并且某些情况下（如自动检测），检测速度也可能需要降低。在满足检测深度要求的前提下，检测频率应选择尽可能高以得到较高的检测灵敏度。如果仅是需要检测表面裂纹，一般来说频率选择比较简单，通常可选择高达几兆赫的频率，但如果被检测表面粗糙，或是期望识别出表面不同裂纹缺陷的深度差异，则采用过高的检测频率并不能获得良好地检测结果。

电导率、磁导率是影响涡流透入深度和涡流分布密度的两个重要因素。涡流标准透入深度公式为：

$$\delta=\frac{1}{\sqrt{\pi f\mu_0\mu_r\sigma}} \tag{4-1}$$

式中：δ—标准透入深度，m；

f——工作频率，Hz；

μ_0——真空磁导率，$\mu_0=4\pi\times10^{-7}$，H/m；

μ_r——相对磁导率，无量纲常数；

σ——电导率，S/m。

可以看到电导率和磁导率的平方根值与涡流标准透入深度成反比，即电导率和磁导率值越大，涡流在该材料中的透入深度越小。对于非铁磁性材料，其相对磁导率 $\mu_r=1$，在确定检测深度时可不考虑磁导率的影响；而对于铁磁性材料，μ_r 是一个随磁化强度变化的量，即使在饱和磁化条件依然是一个数值较大的量，因此在铁磁性材料检测时是往往选择较低的检测频率，以保证涡流在被检试件中达到适当的深度。

由根据麦克斯韦关于电磁场理论的方程组针对半限无平面导体推导出的涡流分布密度公式：

$$J_X=J_0\,e^{-(1+j)\sqrt{\pi f\mu 0\mu r\sigma}x} \tag{4-2}$$

式中：j——单位虚量；

J_X——被检测表面下 X 深度处的涡流分布密度；

J_0——被检测表面的涡流分布密度。

可以看到 J_X 是一个大小取决于 J_0 并按照由检测频率、材料磁导率和电导率等参数构成的负指数函数变化的变量。由$J_0=\sqrt{\pi f\mu_0\mu_r\sigma}H_0$ 可以看到，被检测对象表面的涡流密度与检测频率、电导率、磁导率等三个参数的平方根成正比，即相同的磁化条件下（H_0），检测频率、材料磁导率和电导率越高，在被检测材料表面激励产生的涡流密度就越大，检测线圈拾取的感应信号也就越强。由此可以说明，涡流检测对于导电性能较好的材料具有比导电性弱的材料更高的检测灵敏度。由于铁磁性材料磁导率不均性显著，且磁导率随磁化程度而变化，在涡流检测过程中形成较大的干扰信号，致使涡流检测灵敏度随磁导率提高的效应被掩盖。

单位虚量 j 表示随着涡流透入深度增加的过程，涡流信号的相位角也在按照负指数函数的规律随时间产生相应的滞后。对于半无限大导体，涡流信号的相位角随透入深度变化而滞后的计算公式为：

$$\theta(x)=\sqrt{\pi f\mu_0\mu_t\sigma}\,x \tag{4-3}$$

式中：$\theta(x)$——在导电金属表面下 x 深度位置上涡流信号的相位角，rad。

由式(4-3)可以看到，电导率、磁导率和检测频率的平方根值与涡流信号的相位角滞后成正比，即电导率磁导率值越大，感应涡流信号在该材料中的相位滞后越快；检测频率越高，涡流相应信号滞后的现象越显著。

边缘效应在涡流检测中会经常出现。当检测线圈扫查中接近零件边缘或其上面的孔洞、台阶时，涡流的流动路径就会发生畸变，如图 4-1 所示。

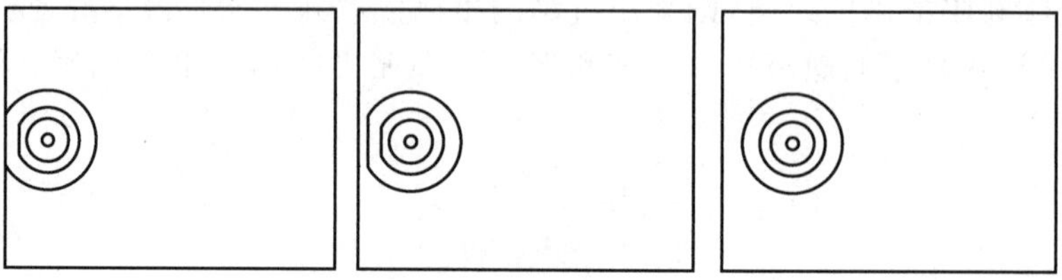

图 4-1 涡流的边缘效应

这种由于被检测部位形状突变引起的涡流变化通常远远超过所期望检测缺陷的涡流响应，如果不能消除这种影响，也就无法检测出靠近或存在于试件边缘的缺陷。边缘效应作用的范围大小除了与被检材料的导电性、导磁性相关，还与检测线圈的尺寸、结构有关。从实际经验来说，对于非屏蔽式线圈，通常认为磁场的作用范围是涡流检测线圈直径的 2 倍，如图 4-2 所示。

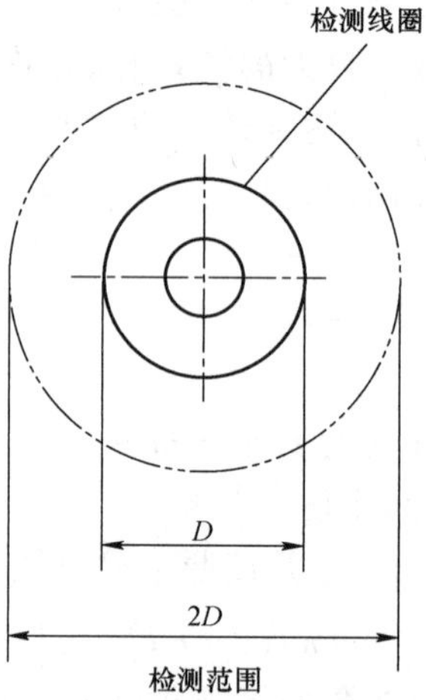

图 4-2 非屏蔽式线圈涡流场的有效范围

提离效应这一概念是针对放置式线圈而言，是指随着检测线圈离开被检测对象表面距离的变化而感应到涡流反作用发生改变的现象，对于外通过式和内穿式线圈而言，表现为棒材外径和管材内径或外径相对于检测线圈直径的变化(即填充系数的变化)而产生的涡流响应变化的现象。无论是提离效应，还是填充系数的影响，其作用规律均较为显著和一致，即该因素变化引起检测线圈阻抗的矢量变化具有固定的方向，且在通常采用的检测频率条件下，该方向与缺陷信号的矢量方向具有明显的差异，因此采用适当的信号处理方法或相位调整可比较容易地抑制或消除这类干扰因素的影响。

一、填充系数

填充系数，是针对外通过式和内穿式线圈而言，设检测线圈内径为 D，管子外径为 d_0、内径为 d_i，则在外通过式线圈情况下，见图 4-3(a)填充系数可定义为

$$\eta=\left(\frac{d_0}{D}\right)^2 \tag{4-4}$$

而对于内穿过式线圈见图 4-3(b)，填充系数 η 定义为

$$\eta=\left(\frac{D}{d_i}\right)^2 \tag{4-5}$$

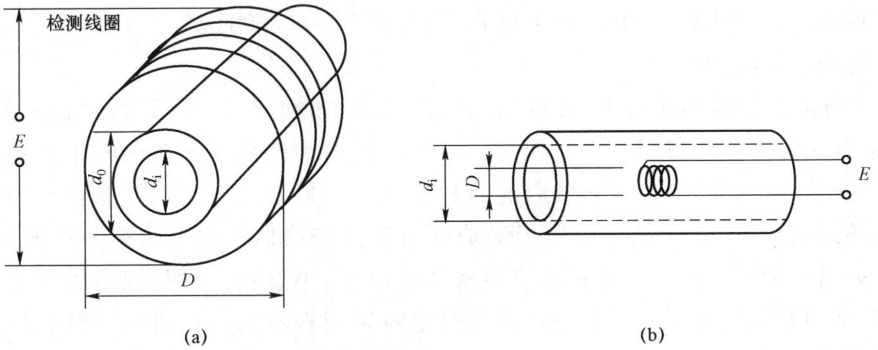

图 4-3　含导电管材的穿过式线圈

(a) 外通过式；(b) 内穿式

在管材的实际涡流检测中，按照涡流渗透壁厚的情况，一般把管材分为两大类：薄壁管和厚壁管。这里薄壁管是指管子壁厚较之管径甚小的管子。

二、涡流检测适用的典型缺陷及响应特点

在涡流透入深度范围内，所有导致被检测材料或零件电磁特性变化的不连续均可能引起涡流的异常响应，其中影响被检测对象使用性能的不连续通常被视为缺陷，这些缺陷包括制造过程中出现的冶金缺陷、工艺缺陷和使用过程中产生的各类损伤缺陷和疲劳缺陷。

采用环绕式线圈(包括外通过式和内穿式线圈)检测管材和棒材，对于方向以纵向为主并在径向方向具有不同深度的不连续，如裂纹、折叠、未焊透、焊接错位等缺陷比较容易检测出来。检测线圈对缺陷的涡流响应与线圈的结构、缺陷的形状密切相关，对于通常使用的自比差动式检测线圈，容易在长条状缺陷的两端产生较强的响应信号，而在条状缺陷中间，特别是深度较为一致的区域，难以产生响应信号。对于管、棒材内部的分层缺陷，由于对周向流动的涡流改变较小，不足以引起涡流响应的明显变化，因此难以检出。对于结疤、凹坑、夹杂、气孔等体积型的表面和近表面缺陷，无论是采用绝对式线圈，还是差动式线圈，都比较容易检测到。被检测材料如果存在材质不匀，如成分偏析、热处理或磁性不均匀等，也会引起涡流响应，这类不连续的响应一般呈连续、缓慢变化的特征，不像结疤、凹坑、夹杂、气孔等体积型缺陷通常表现为突变形式的响应，因此自比差动式线圈不容易检测出这类缺陷。

金属产品或零件在使用过程中容易产生腐蚀和疲劳裂纹，对于产品下表面的腐蚀和探测面上出现的开裂度极其微小裂纹，肉眼是无法发现的，采用放置式线圈则比较容易发现，

尤其是探测面上出现的疲劳裂纹。由于腐蚀缺陷通常在腐蚀区域的边沿部位深度较浅，中间部位较深，且有一定的面积，当采用自比差动式检测线圈时，涡流响应的变化较为平缓；而对于疲劳裂纹，当检测线圈扫过缺陷时涡流变化则非常显著。放置式线圈垂直置于被检测对象表面时，涡流在试件表层形成平行于表面的涡旋状流动电流，与外通过式和内穿式线圈类似，这种流动方式的涡流难以发现平行于试件表面的平面型缺陷，如分层；而对于垂直于试件表面的裂纹缺陷，涡旋状流动电流总是垂直于开裂面，因此无论是放置式线圈相对于裂纹方向以何种角度扫过缺陷时，所产生的涡流响应都是一致的。

三、涡流检测应用分类

涡流检测的应用主要分为管、棒材的在线检测与入场复验检测、管道的在役检测和非规则零件制造与使用过程检测。

管、棒材的在线检测在冶金、有色部门广泛应用，如钢管，冷拉圆钢、钛合金管（棒）、铝合金管、铜合金管等。以管、棒、丝材作为原材料进行相关产品加工制造的单位通常在原材料购进后进行质量复验，应用较多的行业有核能、电力、航空、航天、兵器及机械制造。在核能和电力部门，钢管和铜管被广泛用于锅炉管道和热交换器冷凝管制造。在航空、航天部门，飞机、火箭的油路系统大量使用小直径薄壁金属管，小直径棒材是制造螺栓等紧固件的材料，兵器部门制造枪炮所用各种规格的钢管也可采用涡流的方法进行原材料检测。不论是在原材料生产部门的检测，还是各制造行业的原材料复验，绝大多数是采用外通过式线圈，且以检测原材料中的冶金缺陷为主要目标。

金属管材加工成产品并使用一段时间后，如锅炉、热交换器等，通常需要进行定期监测，由于管道外壁与其他构件相连接，无法采用外通过式线圈实施检测，因此对管状产品的在役检测多采用内穿过式线圈。

管棒类材料及制件采用外通过式或内穿式涡流线圈进行检测，主要在于环形线圈可以在同一时刻对管棒材整个圆周区域实施相同灵敏度的检测，具有易于实现自动化、速度快、效率高的优点，对于非管棒类材料及制件，环形线圈无法提供可靠、有效的检测，因此放置式线圈在非规则零件的制造和使用中具有广泛的应用。

1. 管、棒材检测

要有效、可靠地对管材实施涡流检测，应解决好以下问题：检测频率与填充系数的确定、检测线圈与扫查间距的选择、传送速度与稳定性的控制和对比试样人工缺陷的制作。对于铁磁性管、棒材，还应考虑施加适当的磁饱和。

不同于放置式线圈在半无限平面导体上的涡流透入深度可通过较简单的公式计算得出，对于管、棒材，由于涡流线圈的电磁场强度和试件中涡流的分布密度计算十分复杂，通常管、棒材的检测频率通过以下几种方式确定：① 利用表征线圈内金属棒材尺寸和电磁特性的特征频率参数 f_g，进行非铁磁性棒材检测频率的计算；② 利用放置时线圈在半无限大平面导体上的涡流透入深度公式，近似估算非铁磁性管材的检测频率；③ 利用对比试样上不同深度人工缺陷的涡流响应情况确定。以下分别举例说明。

（1）根据特征频率参数计算检测频率

［示例］有钛合金棒和铜棒各一根，直径、电导率分别为：$d_{\mathrm{Ti}}=5\ \mathrm{mm}$，$\sigma_{\mathrm{Ti}}=0.7\ \mathrm{MS/m}$，

$d_{Cu}=10\ mm$，$\sigma_{Cu}=58\ MS/m$。由特征频率计算公式 $f_g=\dfrac{1}{2\pi\mu_0\sigma r^2}$有：

$$f_{g(Ti)}=\frac{1}{2\pi\mu_0\ \sigma_{Ti}r_{Ti}^2}=28\ 978\ Hz$$

$$f_{g(Cu)}=\frac{1}{2\pi\mu_0\ \sigma_{Cu}r_{Cu}^2}=87\ Hz$$

通常对于圆柱形棒材，f/f_g取值在 5～50 范围时，缺陷引起的涡流响应变化最为显著，因此可以得出钛合金棒和铜棒的检测频率分别为：

$$f_{(Ti)}=(5\sim50)\times28\ 978=144\ 890\sim1\ 448\ 900\ Hz$$

$$f_{(Cu)}=(5\sim50)\times87=435\sim4\ 350\ Hz$$

由上述计算结果可以看到，被检测材料导电率和直径的差异对于检测频率选择的影响十分显著。

(2) 利用半无限大平面导体上的涡流透入深度公式，计算非铁磁性管材的检测频率

[**示例**] 有一内、外径分别为 24 mm 和 30 mm 的铝合金管材，电导率 $\sigma=25\ MS/m$。试确定采用外通过式线圈检测的频率。

分析：涡流检测频率的选择必须使涡流的有效透入深度大于管材的壁厚。工程上，通常取标准透入深度的 3 倍作为涡流的有效透入深度，以管壁厚度作为涡流的有效透入深度，则标准透入深度为壁厚的 1/3。

计算：由放置式线圈在半无限大平面导体上的涡流透入深度计算公式 $\delta=\dfrac{1}{\sqrt{\pi f\mu\sigma}}$有：

$$f=\frac{1}{\pi\mu\sigma\delta^2}=\frac{1}{3.14\times4\times3.14\times10^{-7}\times25\times10^6\times0.001^2}\ Hz=10\ 142\ Hz。$$

其中：因 $3\delta=(D_0-D_i)/2=(30\text{-}24)\ mm/2=3\ mm$，故有 $\delta=1\ mm$；$\mu=4\pi\times10^{-7}$ H/m。

说明：在有效透入深度位置上涡流的分布密度仅约为表面涡流密度的 5%，因此对于管壁内表面缺陷的检出灵敏度非常低，按照该方法计算得出的检测频率可作为频率选择的极限值，实际检测选定的工作频率应低于这个极限频率。

(3) 利用对比试样上人工缺陷的响应情况确定检测频率

涡流检测频率的确定，最可靠的方式是根据涡流对比试样上不同深度人工缺陷的响应情况确定。简便的做法是在线圈最难检测的管壁上加工深度较浅的人工缺陷，缺陷的深度一般可取壁厚的 10%。对于外通过式线圈，人工缺陷应在管材内壁制作，对于内穿过式线圈，人工缺陷应在管材外壁加工。通过改变试验频率，观察是否得到内壁或外壁上人工缺陷的响应，并根据响应信号的大小确定合适的检测频率。

填充系数是影响管、棒材涡流检测灵敏度的重要因素。从电磁感应原理讲，检测线圈与管、棒材接近程度越高，检测灵敏度越高。由于管、棒材的平直度、轴对称性和椭圆度总是存在一定的偏差，加上传动装置运行中可能造成管、棒材出现微小的偏离，如果仅仅关注追求填充系数的提高，必然会加大检测线圈被高速运行的管、棒材的撞击的概率和磨损。面对被检测的管、棒材，如何选择适当尺寸的检测线圈，其中没有其他更复杂的影响因素，只要将尽可能提高填充系数和防止检测线圈受撞击或过度磨损这两个基本原则协调处理好即可。如

果管、棒材的平直度、同心度、表面粗糙度都很好，检测系统传动装置运行的稳定性和精确度也比较高，则可选择填充系数值大的条件实施检测；否则应适当降低填充系数。

这里有两个值得稍加注意的问题：第一，填充系数是指一种检测的条件或状态，是检测线圈尺寸与试件尺寸之间的一种相对关系，而不是检测线圈的属性或参数，通常听说的"检测线圈的填充系数"是指具体的线圈相对具体的对象而言；第二，填充系数不是一个单纯取决于检测线圈或被检测对象尺寸的绝对值，而是一个与检测线圈和被检测线对象尺寸相关的一个绝对值，因此脱离检测线圈和被检测对象尺寸简单以填充系数值的大小评价检测条件的优劣是不确切的，因为对于直径为 10 mm 和 100 mm 的管材或棒材，相同填充系数条件下，线圈与管、棒材表面之间的间隙是会相差很大的。例如，对于外通过式线圈和直径为 10 mm 的管、棒材，当填充系数取 0.9 时，检测线圈与其表面的间隙则接近 3 mm；而对于直径为 100 mm 的管、棒材，检测线圈与其表面的间隙则接近 3 mm。

对于管、棒材涡流检测，检测线圈的选择除了对填充系数这一重要因素的考虑之外，还应注意对线圈结构和类型的考虑。绝对式线圈受被检测对象材质、尺寸的变化的影响更加敏感，如果对这两项因素的影响不必特别关注时，则应选择能够较好克服这两项因素影响的差动式线圈。我们知道，采用通过式线圈具有很高的检测频率，但对于沿管、棒材轴向的条状缺陷，如果其深度比较一致，则采用该类线圈容易造成漏检，因此，必要时应考虑增加放置式线圈的扫查。

放置式线圈沿管材作周向旋转运动，管材沿其轴向作水平匀速运动，线圈在棒材表面形成螺旋式的扫查。扫查轨迹的螺旋取决于放置式线圈的旋转速度和管材的传动速度。如果探头旋转速度慢而管材运行速度快，扫查螺距过大，就会出现扫查不到的区域，可能会因此造成缺陷漏检；如果探头旋转速度快而管材运行速度慢，扫查螺距过小，就会出现重复扫查的区域，检测效率大大降低。如何通过调整线圈旋转和管材运行的速度确定合适的扫查间距，这是必须要解决的问题。根据检测线圈电磁场的有效作用范围，确定扫查间距为放置式线圈直径的 2 倍。

设单个放置式线圈直径为 D，周向旋转速度为 ω(r/s)，管材水平传动速度为 v(m/s)。当采用单个放置式线圈扫查时，探头旋转 1 周所用时间为 $1/\omega$，管材在 $1/\omega$ 时间里水平方位位移 v/ω。要保证不出现漏检区域，必须满足 $v/\omega \leqslant 2D$。当采用多个放置式线圈扫查时（假设线圈数量为 n），且各相邻线圈的间距为 $2D$，则管材在该组线圈周向旋转一周时水平方位位移最大为 $v/\omega \leqslant 2nD$。

由于检测线圈对缺陷的响应与传递速度有关，因此管、棒材检测时应保持与采用对比试样调整检测灵敏度时所选择的速度相同，管、棒材在运行过程中应保持相对稳定的匀速运动，速度变化的波动不应超过平均速度的±10%。此外，传送装置应保持管、棒材在外穿过式线圈中心轴线上平直移动，尽可能减小在线圈中心线上的上下、左右偏移。管、棒材运行的稳定程度取决于机械传动机构的性能，该性能可采用周向灵敏度标准试样或对比试样进行调整和评价。通常要求检测系统对 3 个沿周向 120°均匀分布的人工通孔缺陷的响应差异小于 3 dB。

对比试样上人工缺陷制作的形式和大小取决于被检测管、棒材的生产工艺和检测要求。如果管、棒材在制作过程中容易形成条状缺陷，如折叠、重皮、裂纹等，在对比试样上加工制作纵向人工槽形缺陷更合理，且对于自然缺陷更具有代表性。由于外通过式线圈对于外表面缺陷响应最灵敏，而对于管壁内部和内表面缺陷的响应灵敏度远远低于外表面槽形缺陷；只有保证线圈对于内壁上槽形缺陷具有适当的检出灵敏度，才可以保证对于整个管壁的检测灵敏度，因此在加工槽形人工缺陷时，不应仅在管材外壁上制作，而在管材内壁上也需要考虑。

不仅可以在管、棒材表面加工纵向槽形缺陷，也可以根据实际情况和需要沿管、棒材表面周向方向加工制作。

带人工通孔缺陷的对比试样在管材涡流检测中广泛应用，其主要原因在于孔形缺陷易于加工制作，而实际上通孔缺陷贯穿管材的整个壁厚，响应信号不能反映出涡流对于不同深度位置上缺陷检出能力的差异。近年来，军工行业在订购管、棒材原材料时，已开始注意到向材料供应方提出选用槽形缺陷对比试样的要求，这对于保证军工产品的质量具有重要意义。

人工缺陷的大小是根据产品质量要求确定的。国外金属管材涡流检测方法标准中多数未给出人工缺陷大小的规定，而国内相关标准则多数针对不同规格和壁厚的管材规定了人工缺陷的尺寸，并以此作为产品质量等级的评价标准，且多数标准只规定制作通孔形式的人工缺陷，这也反映我国的管、棒材涡流检测技术与国外的检测水平存在一定的差距。

2. 热交换器管道检测

热交换器管道内的液体介质可能造成管壁的腐蚀和沉淀物的堆积。设备在运行过程中，由于热交换器管的振动，与支撑板之间形成碰撞和摩擦，造成热交换器管外壁与支撑板接触部位磨损。采用内穿过式线圈的涡流检测方法是检测热交换器管内、外壁缺陷，保证设备安全运行最为有效和可靠的无损检测方法，也是热交换器管道检测中应用最为广泛的一项无损检测方法。

(1) 热交换器管道涡流检测信号的形成

热交换器管道的涡流检测多采用内穿式自比差动线圈，我们知道，差动式线圈的信号输出端是两个匝数相同缠绕方向相反的串接线圈的两端。当两个串接的检测线圈所处检测部位的电磁特性相同，则在两个线圈两端产生大小相等而方向相反的感应电压，因此输出电压为零；当两个检测线圈所处检测部位的电磁特性出现差异，则在两个线圈两端产生大小不等，方向相反的感应电压，因此在输出端形成不为零的电压信号。图 4-4 给出了检测线圈通过通孔缺陷时“8”字形信号的形成过程。

当探头处于管中如图 4-4(a)位置时，管壁上通孔缺陷开始进入线圈 1 的响应范围，由于通孔相对于管壁材料电磁特性不同而引起涡流畸变，导致线圈 1 接收到不同于管壁内正常流动的涡流所产生的电磁场，从而打破两个检测线圈的平衡状态，在涡流仪的示波屏上形成如图 4-5(a)所示的离开平衡位置的阻抗信号；当探头处于管中如图 4-4(b)位置时，通孔缺陷处于线圈 1 正上方，其涡流响应与管壁涡流场作用于线圈 2 的差异达到最大，形成如图 4-5(b)所示的阻抗信号；探头继续推进，随着线圈 1 离开通孔缺陷距离逐渐增大和线圈 2 逐渐进入通孔缺陷涡流场的作用范围，两个线圈对于通孔缺陷感应产生的电压差值逐渐减小，当通孔处于两个线圈正中间时，如图 4-4(c)线圈 1、线圈 2 所感应产生的电压大小相等，方向相反，差动线圈输出端电压为零，达到如图 4-5(c)所示的新的平衡状态。随着探头继续推进，线圈 1 离开了对通孔缺陷的响应范围，而线圈 2 逐渐增大对通孔缺陷的响应，检测线圈处于如图 4-4(d)所示位置，新的平衡状态又被打破，在涡流仪的示波屏上形成如图 4-5

(d)所示的离开平衡位置的阻抗信号，并在通孔缺陷处于线圈 2 正上方时，阻抗信号幅度达到最大值；当探头在管中推进到如图 4-4(e)位置时，线圈 2 离开了通孔缺陷的影响范围，两个差动连接的线圈都感应着来自管壁的涡流响应，线圈阻抗显示再一次回到如图 4-5(e)所示的平衡位置。

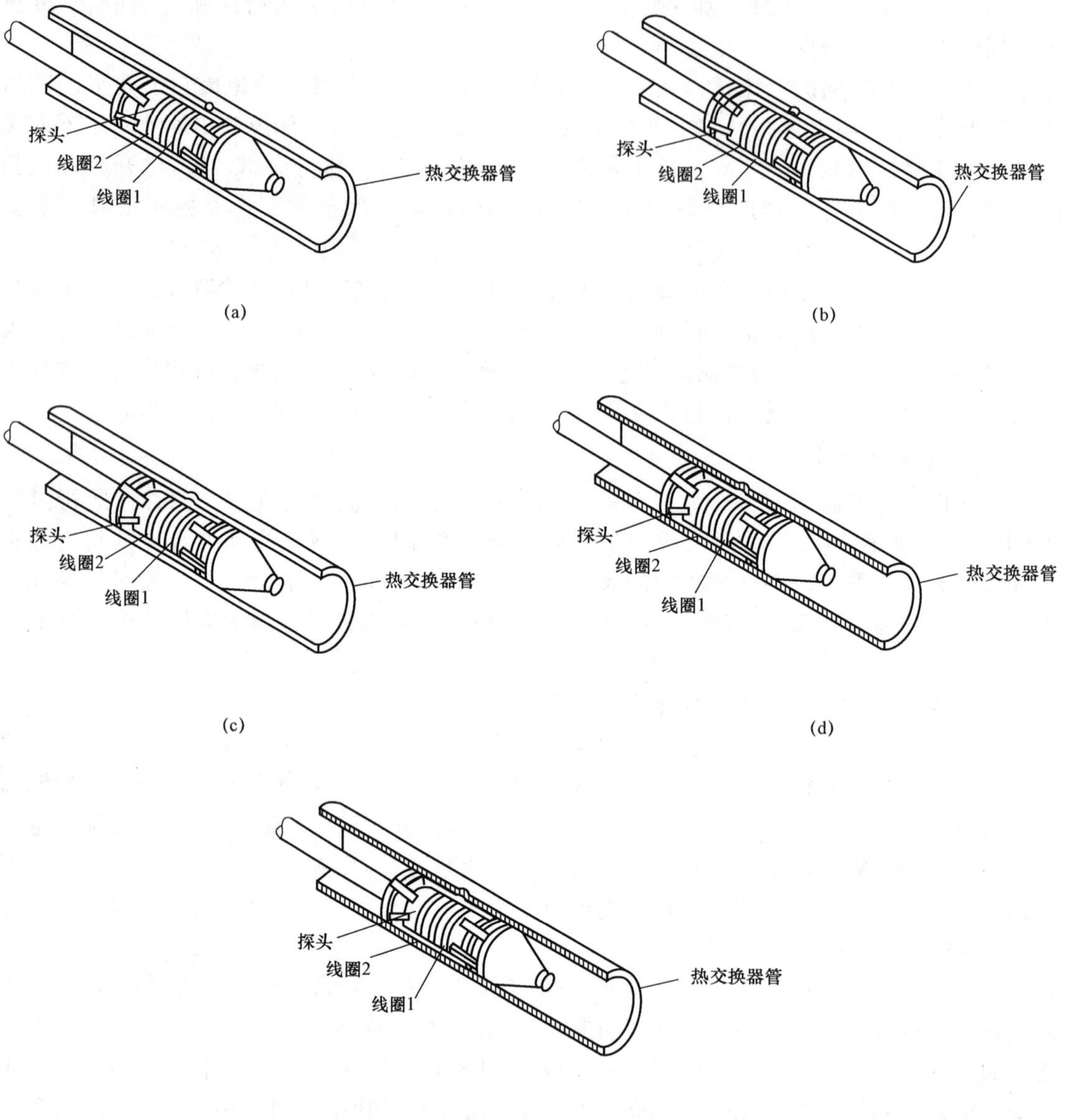

图 4-4　内穿式差动线圈相对于管壁上通孔伤的不同位置

如图 4-5(e)所示涡流检测信号的相位角按以下方式定义：① 取响应信号阻抗为最大值的两个点，如图 4-6(a)中两个小圆圈确定的位置；② 用直线连接这两个点，并规定垂直线方向的上方为正方向；③ 该直线与水平方向的负方向所成夹角，如图 4-6 中粗的圆弧线所表示的角。值得注意的是，在涡流检测中，响应信号夹角的定义方式与解析几何中直线的角度(即与水平方向的正方向所成夹角)定义不同,二者之间的对应关系是涡流信号的相位角等于180°减去几何学中直线与水平线的夹角。

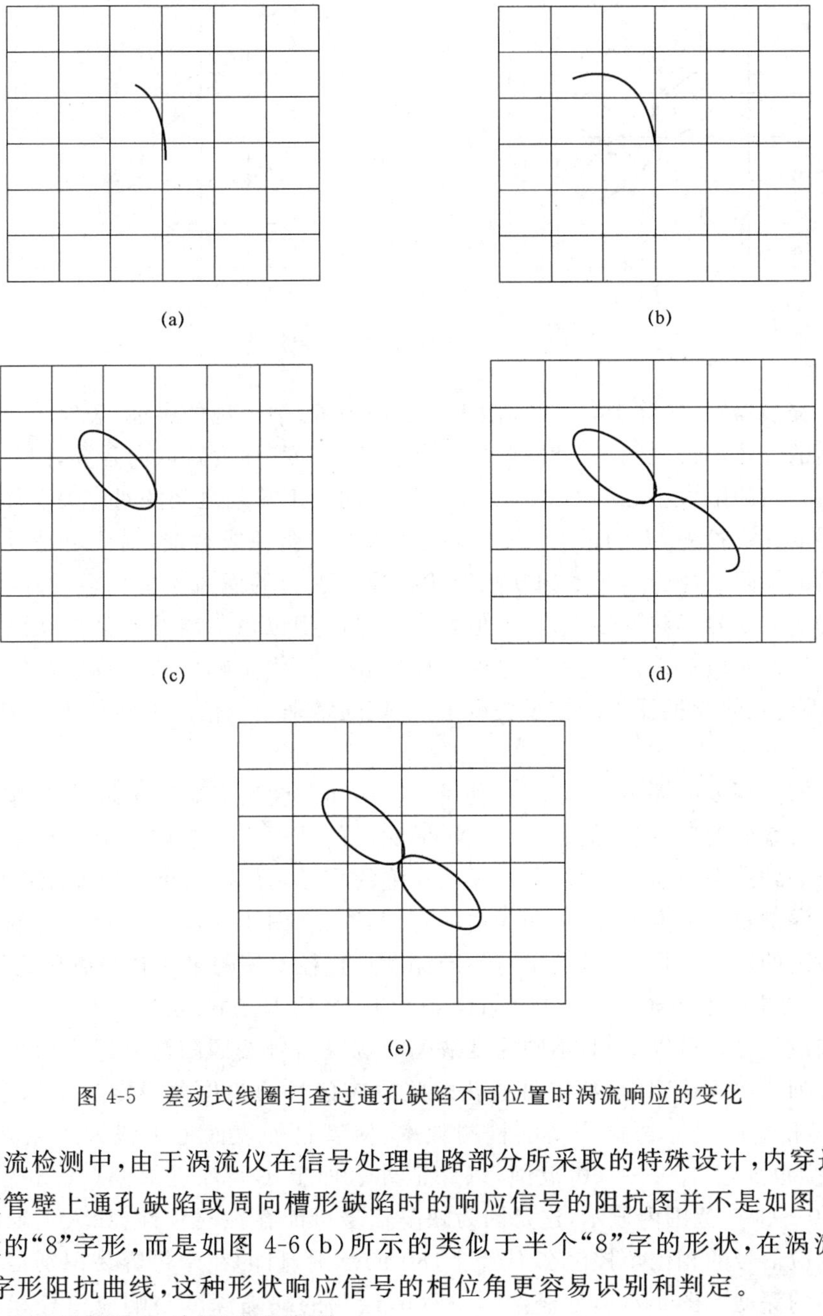

图4-5 差动式线圈扫查过通孔缺陷不同位置时涡流响应的变化

实际涡流检测中,由于涡流仪在信号处理电路部分所采取的特殊设计,内穿过式自比差动线圈通过管壁上通孔缺陷或周向槽形缺陷时的响应信号的阻抗图并不是如图4-5(e)所示的呈对称状的"8"字形,而是如图4-6(b)所示的类似于半个"8"字的形状,在涡流检测中仍称之为"8"字形阻抗曲线,这种形状响应信号的相位角更容易识别和判定。

(2)热交换器管道的单频涡流检测

涡流在管壁中的分布密度不仅与涡流透入深度相关,而且涡流场的相位也随着涡流透入深度的改变而变化。对于规则形状的人工缺陷,如不同深度的槽形缺陷或孔形缺陷,如果槽的宽度、长度相同或孔径相同,则涡流响应信号的幅值大小与槽伤或孔的深度存在良好的对应关系;同时对应不同深度的槽形缺陷或孔形缺陷,响应信号的相位角也呈现出规律性的对应关系，即距离检测线圈较近的缺陷的响应信号的相位角较小，而距离线圈较远的缺陷的响应信号相位角较大。

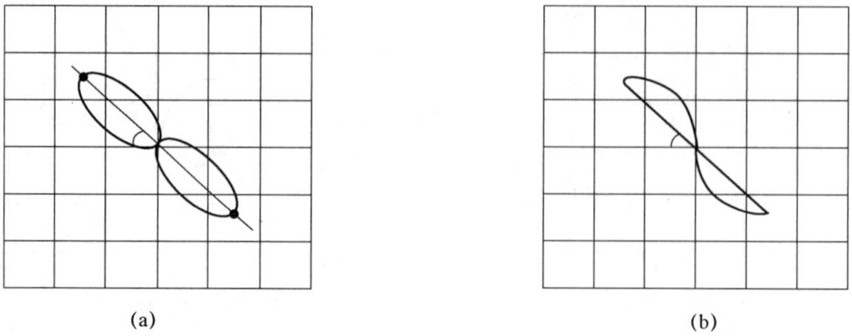

图 4-6　涡流响应信号的相位角

由于热交换器管（实际上，不单局限于热交换器管）中出现的腐蚀、裂纹等自然缺陷并不像人工缺陷的形状那样规则，自然缺陷的实际长度、宽度、深度及取向各异，因此涡流响应信号的幅值与自然缺陷大小之间的对应关系远不及同人工缺陷之间的对应关系那么明确。对于热交换器的在役检测，人们最关注的是内、外壁上的腐蚀或磨损，这些也是设备运行过程中最为常见的缺陷。尽管由于磨损缺陷形状各异而引起的涡流响应信号的形状，与规则的人工缺陷的响应信号形状有很大差异，但响应信号的相位角与腐蚀或磨损缺陷的深度之间总是存在良好的对应关系，且这种关系的对应性要明显优于响应信号幅度与缺陷深度之间的对应性，因此在热交换器管的在役检测中，人们通常采用以信号的相位角评定缺陷深度的方法。

对腐蚀缺陷深度的评价，是建立在利用一组不同深度人工缺陷绘制的"缺陷深度与响应信号相位角关系曲线"基础上的。为了从不同深度的孔形人工缺陷或周向环形槽缺陷上获得幅度大小一致的涡流响应信号，通常深孔缺陷的直径制作得较小，浅孔缺陷的直径加工得较大；同样，深槽缺陷的宽度较小，而浅槽的宽度较大。图 4-7(a)是一根典型的用于热交换器管涡流检测的对比试样，上面加工有不同深度且直径不等的平底孔和通孔缺陷。

图 4-7(b)是在工作频率 $f=400$ kHz 条件下，自比差动式线圈穿过整个样管时缺陷形成的涡流响应信号。可以看到，不同深度缺陷的响应信号按照随深度减小而相位角增大的规律依序排列。实际检测中，约定将通孔缺陷响应信号的相位角设定为 40°，根据管材电、磁特性参数和壁厚尺寸选择合适的检测频率，使管材外表面上最浅人工缺陷（如壁厚的 25%）的相位角处于 150°～160°范围，以保证外表面上不同深度缺陷（管材壁厚的 0%～100%）在 40°～180°范围内显示，这是因为缺陷信号可能存在对称性（如人工缺陷），将不同深度缺陷响应信号的相位角控制在不超过 180°的范围，目的在于更容易识别信号的相位角和判伤缺陷的深度。图 4-7(c)是根据图 4-7(b)绘制的缺陷深度与响应信号相位角的关系曲线。可以看到，如上所述，通孔缺陷响应信号的相位角为 40°，外表面上深度为管材壁厚 25%的平底孔的相位角为 152°。相位角在 0°～40°范围的阻抗信号表示管材内壁上腐蚀深度不同的缺陷。阻抗信号的相位角越小，则腐蚀深度越浅；反之，相位角越大，腐蚀深度越深。

根据这一曲线，在相同的试验条件下（被检管材的材料、直径及规格与对比试样相同，且

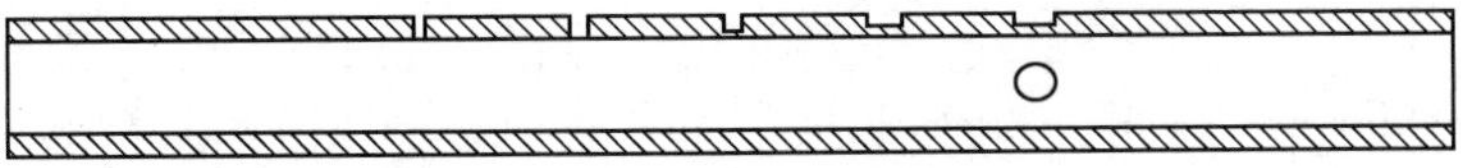

(a)

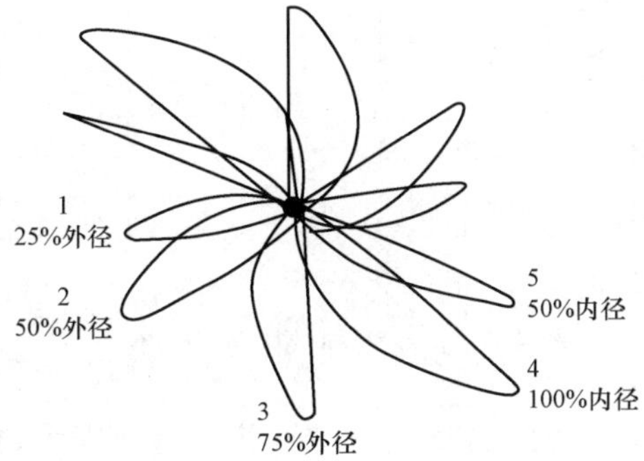

(b)

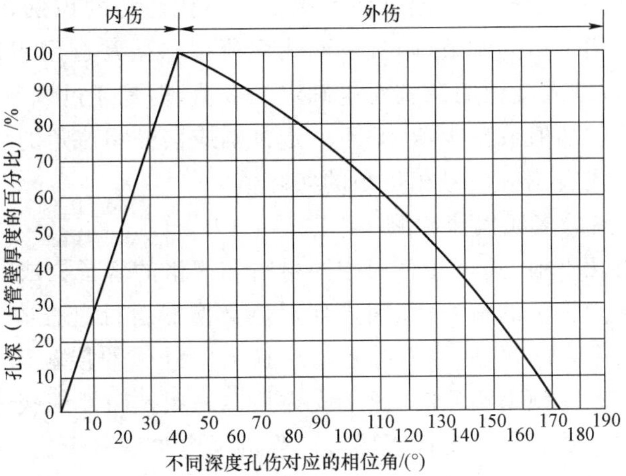

(c)

图 4-7　典型的热交换器管对比试样及不同深度人工缺陷响应信号的相位

采用的检测频率与利用对比试样调定涡流仪器工作条件时的试验频率相同)，即可通过对自然缺陷响应信号相位角的识别来判定缺陷的位置与深度。

如图 4-8(a)、(b)所示两个缺陷响应信号的相位角分别为 20°和 110°，根据上述原则可以判定：图 4-8(a)响应信号对应的缺陷处于管材内壁上，其深度为壁厚的 50%；图 4-8(b)所示缺陷处于管材外壁上，其深度为壁厚的 60%。

这里有三点值得注意：一是为保证检测线圈在穿过管子时运行平稳且速度均匀，手动操作时，通常采取先将检测线圈插送到管子的另一端后再将线圈拉出的方式进行检测，而不是采取推进探头进行检测的方式，因此在对比试样上调整人工缺陷阻抗信号时，会发现缺陷信号响应轨迹与图 4-5 所描述的响应信号形成过程恰好相反，即在检测线圈拉出过程经过人工缺陷时，首先形成如图 4-6(b)所示“8”字图形中下半部分的弧线部分，其次经过直线部分回到平衡点，再次由平衡点经直线到达最大阻抗点，最后以弧线轨迹回到平衡点。二是自然

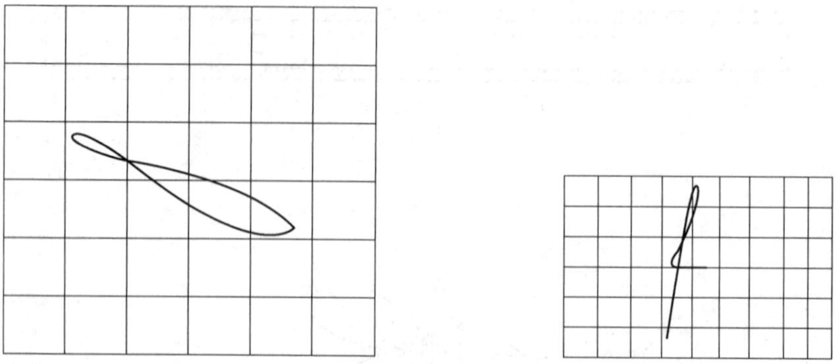

(a)　　　　　　　　　　(b)

图 4-8　两个不同缺陷的响应信号

缺陷响应信号的轨迹通常不是规则的"8"字图形，甚至差异很大，往往较难确定用以确定信号相位角的直线，这需要细致地观察信号形成的过程，特别是对信号形成时起始位置与走向、平衡位置、终止位置与走向等关键点和阻抗曲线变化趋势的识别，这更多的是靠经验的日积月累。三是仪器相位角的调节，阻抗平面式涡流仪器通常有用于调整检测信号相位角的按键或旋钮，并且按键或旋钮的调整对应确定的数值，但是通过调节相位调整按键或旋钮所给出的相位读数的增加值或减少值，并不一定是响应信号相位角的变化值，因此相位调整按键或旋钮的示值不代表响应信号相位角的实际值。

(3) 热交换器管道的多频涡流检测

热交换器通常由几十根，甚至几百根相同材料和规格的管子构成，每根管之间有一块或多块金属板支撑以保持管子的整齐、稳固排列。热交换器运行过程中管道内部液体介质的流动和外界其他因素带来的振动，在支撑板与交换器管外壁的接触部位容易产生磨损和电化腐蚀。当采用单一工作频率检测时，由于支撑板多采用铁磁性钢板制作，检测线圈运行至支撑板材所在位置时会受到来自支撑板感应产生的强电磁信号干扰，这种干扰信号足以"淹没"该位置上热交换器管内、外壁可能存在的缺陷引起的响应信号，因此必须消除支撑板的干扰信号才能够正确地检测和评价热交换器管的质量。一种可有效消除支撑隔板干扰信号的涡流检测技术就是下面要介绍的多频涡流检测技术。

多频涡流检测是指涡流仪具有多个工作通道，并能够同时以两个或两个以上的工作频率进行检测的技术。通过调整不同激励频率的涡流对隔板产生响应信号，再经过混频通道进行信号叠加，达到消除隔板响应信号、提取缺陷信号的目的。

如图 4-9 所示，涡流仪通道 A 和通道 B 分别显示的是工作频率为 f_1 和 f_2 时隔板产生的涡流响应信号，可以注意到，通道 A、B 所获得的涡流响应信号已调整为幅度相等、相位相差 90°(该状态是通过分别调整涡流仪通道 A、B 的增益和相位获得的)。将幅度和相位满足上述条件的 A、B 通道的检测信号输入到另外一个工作通道进行混频处理，得到如图中混频通道(通道"A+B")的响应信号。可以看到隔板的响应信号已被消除。

从混频处理后得到的显示信号可以看到热交换器管在隔板支撑处没有其他响应信号，因此可以判定该位置上没有出现腐蚀和磨损缺陷。图 4-10 给出了仪器 A、B 通道在相同工作条件下在另一根热交换器管的隔板支撑位置获得的涡流响应信号，经混频处理后得到一

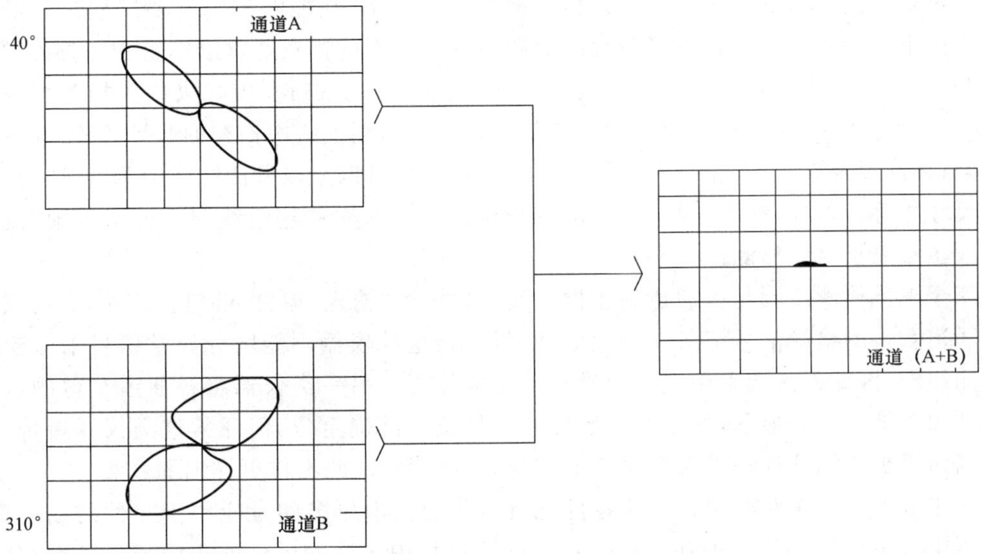

图 4-9　响应信号的混频处理

个相位角约为 110°的响应信号。从“缺陷深度与响应信号相位对应关系曲线”可以判定该缺陷为热交换器管外壁缺陷，缺陷深度约为管材壁厚的 60%。

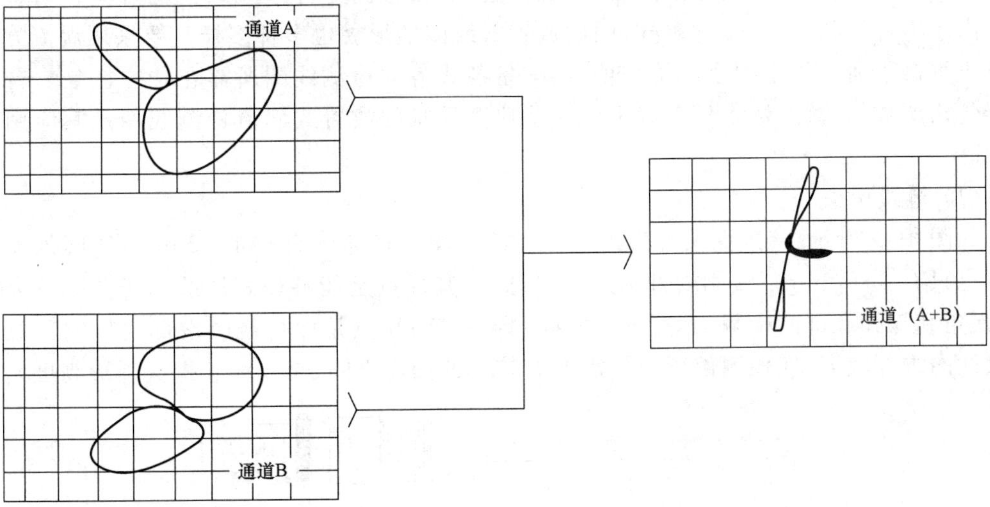

图 4-10　经混频处理得到的支撑板处磨损缺陷的涡流响应信号

3. 非规则形状材料和零件检测

非规则形状材料和零件是相对于具有规则形状并适合采用外通过式或内穿过式线圈检测的管、棒材及其制作而言，指适合采用放置式线圈检测的材料和零件，既包括形状复杂零件的检测，也包括除管棒材以外形状规则的材料和零件的检测，如板材、型材等。

对于金属薄板原材料的检测，国外有较多的报道，主要采用多通道仪器连接多个放置式涡流线圈进行自动化检测。在这种涡流检测的应用中，主要考虑：① 涡流线圈的选择与排布，② 各通道信号的识别与相互影响的抑制。首先，检测线圈的频带响应范围应能够保证涡流透过被检测板材的整个厚度；其次，为提高检测频率，在能够识别所要求检出的最小缺陷的前提下一般尽可能选择直径较大的放置线圈。线圈的排布通常沿垂直于扫查方向"一"字排开，当一组探头从板材的一边扫到另一边，则完成一次扫查；板材以探头扫差覆盖的范围为步进单元传送，探头再从上一次扫查的终止位置回到上一次扫查的起始位置，完成第二次扫查；如此反复扫查，直至完成整张板材的扫查。也可以采取检测线圈沿垂直于传送方向上的尺寸相等。这样，线圈保持不动，随着板材像流水一样从这组线圈下面不停地"流"过，就完成了整张板材的检测。

每个涡流检测线圈与多通道涡流检测仪的每一个"输入/输出"端口相连接，有的仪器是将各通道获得的检测信号汇集在一起处理和显示，这种仪器不能区分异常信号来自于哪一个检测线圈，因此无法准确确定引起异常信号的位置。另一类仪器将各通道获得的检测信号分别独立地处理和显示，便于对引起异常信号位置准确定位，但通常这类仪器造价较高。由于国内极少应用这种技术对金属薄板实施涡流检测，因此不作更详细的介绍。

采用放置式线圈对非规则形状零件进行检测的技术更多的是应用于零件的原位检测，这主要由以下两方面因素所决定：① 对于制造过程中未装配零件的表面或近表面缺陷，采用渗透或磁粉（仅指铁磁性零件）检测方法具有更高的灵敏度和效率；② 对于装配好的零件，渗透和磁粉（非铁磁性零件除外）检测方法的实施往往受空间的限制。

采用放置式线圈检测，效果的好坏很大程度上取决于线圈外形与被检测零件形面的吻合状况，良好的吻合是保证检测线圈平稳扫查、与被检测零件形成最佳电磁耦合的重要前提。由于零件形状、结构多种多样，因此放置式线圈的形貌也多种多样。要采用涡流方法完成飞机维修手册所规定的全部检查项目，配备各式各样检测线圈所需花费往往是一台涡流仪器价格的数倍，甚至数十倍。以下就一些典型形状的放置式涡流检测线圈及其应用加以介绍。

（1）笔式探头

如图 4-11 所示，笔式探头外形细长、平直，线圈直径通常只有 1～2 mm，线圈外壳直径一般也只有 3～5 mm。线圈端部多呈弧形球面，其优点是能够较好地适用于曲率较大的平面、拐角和深孔底部的检测，具有较高的检测灵敏度；缺点是保持线圈端部与检测部位耦合一致性的难度较大，在检测部位上方需要有较大的操作空间（至少大于探头外形高度）。

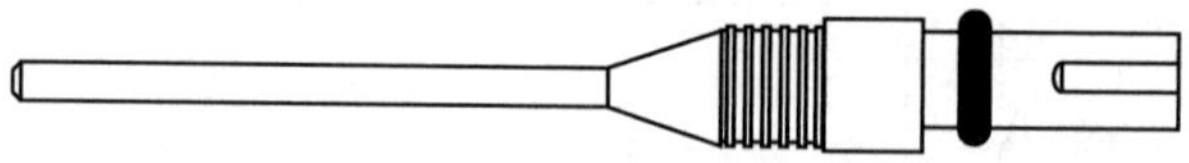

图 4-11　笔式探头

（2）钩式探头

钩式探头的线圈直径和外形尺寸与笔式探头相近，所不同的是钩式探头的端部呈直角，如图 4-12 所示。这种结构的探头不仅可较好地适用于曲率较大的平面、拐角部位的检测，具有较高的检测灵敏度，而且克服了检测部位上方需要有较大操作空间的限制，操作平稳性也要较笔式探头稍好一些。

（3）平探头

如图 4-13 所示，平探头检测线圈的直径一般在 5～15 mm，外壳直径在 10～20 mm，探头的探测面为平面，内部通常装有弹簧，能与被检测面形成稳定的耦合。由于平探头检测线

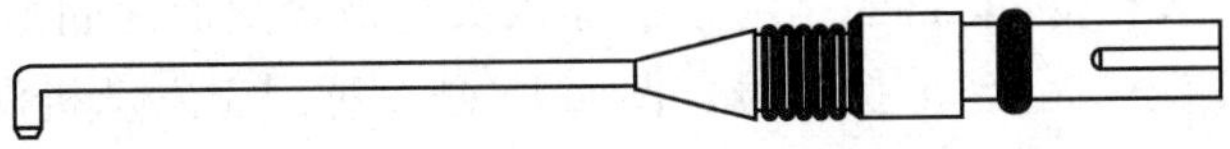

图 4-12　钩式探头

圈的直径较大，线圈电感量较高，通常工作在较低的检测频率下。同时，由于涡流的实际透入深度不仅与检测频率有关，而且与检测线圈的直径相关，因此平探头适用于检测埋藏深度较深的近表面缺陷和薄金板下表面的缺陷。此外，由于单次扫查覆盖区域较大，因此检测效率高，适合于平面和曲率较小的弧面上的检测，不足之处在于不适合形状复杂零件的检测和对表面微小缺陷的检测灵敏度相对要低一些。

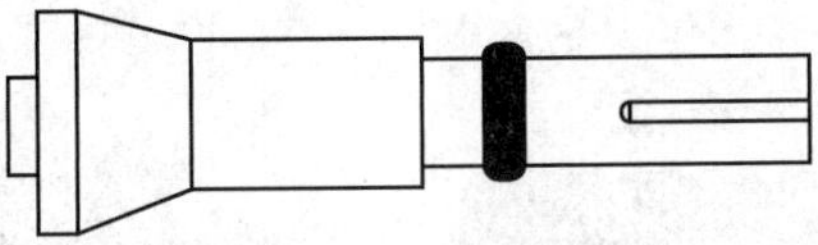

图 4-13　平探头

(4) 孔探头

如图 4-14 所示，孔探头的线圈尺寸较小，直径通常在 1～2 mm 范围内，与被检测孔的直径大小无关。相反，探头端部镶嵌检测线圈的球体的直径应与被检测孔的直径相同，以保证检测线圈与孔壁的紧密耦合，因此当检测不同直径的螺栓孔时，就需要购买相应规格的孔探头。为实现线圈与孔壁表面的紧密耦合，镶嵌检测线圈的球体采用弹性较好的塑料制作，并在塑料球的中间切割一条狭缝。孔探头专为检测螺栓孔内壁表面缺陷设计，通常与专用的探头枪配合使用，以获得良好的检测信号。由于探头枪的价格较高，一些单位在配备检测设备时往往舍弃了探头枪的采购。采用手动方式转动、推进探头，耦合的稳定性、一致性和检测速度要明显劣于使用探头枪的操作。

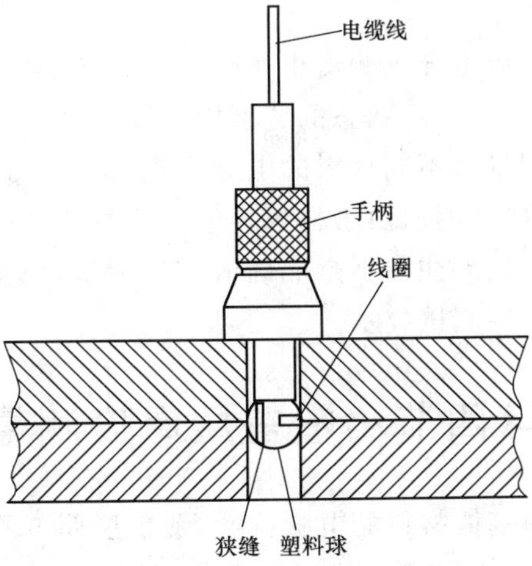

图 4-14　孔探头

(5) 异形探头

异形探头是为检测特殊形状零件而设计、制作的专用探头，探头外形和尺寸与被检测零件或结构的外形相同或相似,其目的是为了保证探头与被检测面之间形成最佳的、稳定一致的耦合,最大限度地减小“提离”干扰信号。图 4-15 是一种用于发动机涡轮盘叶片榫槽表面缺陷检测的异形探头。

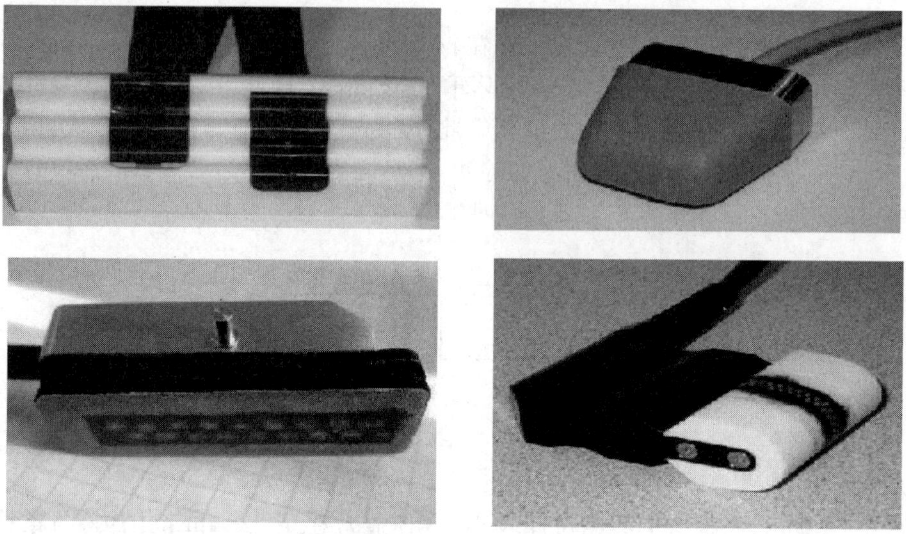

图 4-15 异形探头

第三节 电导率测量与材质分选

非铁磁性金属的电导率测量和材质分选是涡流检测技术的主要应用领域之一。严格说来,通过磁导率的不同进行材质分选的电磁检测技术并不属于涡流检测技术的范畴,但在电磁涡流检测技术中经常会遇到,该技术的应用与利用涡流进行材质分选的检测技术有相似之处。

电导率的测量是利用涡流电导仪测量出非铁磁性金属的电导率值,通过电导率值的测量结果可以进行材质的分选、热处理状态的鉴别以及硬度、耐应力腐蚀性能的评价。材质分选可以是通过利用电导仪测量出不同材料的电导率进行,也可以是利用其他类型涡流仪器(如涡流检测仪、涡流测厚仪)检测出由于材料导电性的差异引起的涡流响应的不同,并据此进行不同材质的分选。这种检测往往不是准确的定量测量,而是定性的测试分析。铁磁性材料的电磁分选也是一种定性测试技术。

第四节 覆盖层厚度测量

根据覆盖层及其附着的基体材料的电磁特性,覆盖层厚度测量技术分为涡流测厚与磁性测厚两种方法。涡流法适用于基体材料为非铁磁性导电材料,如常见的铜及铜合金、铝及铝合金、钛及钛合金以及奥氏体不锈钢等,覆盖层为非导电的绝缘材料,如漆层、阳极氧化膜等。磁性法适用于基体材料为铁磁性材料,如碳钢,覆盖层为非铁磁性材料,包括非导电的漆层、阳极氧化膜、珐琅层和导电的铜、铬、锌的镀层等。

思考题

1. 简述涡流检测应用特点。
2. 简述涡流检测适用的典型缺陷及响应特点。
3. 简述热交换器管道涡流检测信号的形成过程。
4. 管、棒材涡流检测通常如何确定检测频率？

第五章　核设备涡流检测

第一节　核设备涡流检测的特点

核工业领域与其他工业行业一样，具有种类繁多的热交换器和承压设备，这些民用核安全设备在投入运行前及正式运行后都必须按照一定的规范进行无损检测，即役前检查（Pre-Service Inspection/PSI）和在役检查（In-Service Inspection/ISI）。由于运行环境特殊，这些设备或处于放射性条件下运行，或承受高温高压（拉力）且波动较为频繁，因此其检测频率较其他行业更高。同时为了避免放射性泄漏所带来的后果，其检测技术、检测规范和其他相关要求也更加严格。

基于涡流检测的技术特点，在核工业中尤其是核电厂中该方法被广泛应用于各种传热管的检测，如蒸汽发生器传热管、凝汽器传热管、高压加热器/低压加热器传热管、设备冷却水热交换器传热管、汽水分离再热器传热管等，同时也被应用于反应堆中子通量测量指套管、反应堆压力容器堆焊层、反应堆压力容器主螺栓和主螺母、反应堆压力容器顶部贯穿件、控制棒束组件（RCCA）、底封头贯穿件、控制棒驱动机构（CRDM）密封焊缝、主泵主轴等的检测。以蒸汽发生器传热管管束的无损检测为例，其传热管属于一回路压力边界，具有极高的放射性，同时具有 10～30 m 的长度和 U 形或异形结构，支承结构复杂，一般采用远控自动化设备进行探头定位和拉拔，并配合多频涡流仪进行数据采集。

总体而言，民用核安全设备涡流检测技术与其他常规涡流检测技术存在以下差异：

（1）数据采集与数据分析分别进行：在民用核安全设备涡流检测工作中，涡流信号的获取及对其进行的分析评估是通过不同的人员在不同的时间段内完成的，其目的是保证检测结果的公正性。

（2）检测频率较多：根据被检对象的实际情况，通常会使用两种或更多的频率进行检测，每种频率各有其定位或检测方面的用途。在蒸汽发生器传热管役前涡流检测中，将可能使用五种频率，合计 10 个检测通道进行数据采集。在数据分析过程中，还将对不同频率（通道）的信号加以综合处理，用于某些特定的用途。

（3）检测结果要求定位、定性和定量：不同于常规涡流检测的“合格”“不合格”判别标准，民用核安全设备涡流检测必须对所报告的所有显示进行定性和定位，即明确指出该显示的性质以及该显示相对于某参照物的距离，如果该显示属于材料流失性质的缺陷，还应给出某种当量信息用以描述材料流失量。

（4）常被应用于某些无损检测领域之外的工作：在民用核安全设备涡流检测（尤其是核电站设备的涡流检测）范围内，涡流检测技术往往会与一些无损检测领域之外的工作紧密关联，如泥渣沉积高度测量、外来物探测、接近管探测等。由于涡流技术所特有的非接触性和高速度，在从事这些“非常规工作”时具有很大的优势，但终究属于间接比较方法，其精确度仍然无法比拟传统的直接测量方法。

（5）放射性工作环境：显而易见，放射性工作环境对从事涡流检测工作的人员和设备的要求是远远高于常规涡流检测的。如进行蒸汽发生器传热管在役涡流检测时，还应根据不同的工作环境穿戴好辐射防护用品如乳胶手套、纸衣、鞋套、通风头罩等。对于重复使用的设备或部件，还存在清洗去污、安全运输及储存的特殊工艺要求。

（6）工作文件差异：除常规的工作程序文件之外，民用核安全设备涡流检测活动的文件往往必须含有质量计划、专用计划、工作指令、风险分析、人员资质、设备有效性证明等支持性文件。

核设备涡流检测由于其放射性环境，对检测设备的稳定性有更高的要求，因此对检测设备的维护和保养比其他行业显得更为重要。

现场检测开始前需对检测设备进行功能测试，测试内容根据检测对象，测试的检测设备略有不同，主要包括以下内容：

（1）机械装置定位功能测试；

（2）推拔器功能测试；

（3）气动控制功能测试；

（4）涡流采集功能测试；

（5）网络功能测试；

（6）视频测试；

（7）通话功能测试；

（8）控制功能测试。

根据现场检测设备的状况，应在适当的时候对检测设备进行维护和保养，设备维护和保养根据不同的检测设备，主要包括以下内容：

（1）控制箱；

（2）电缆；

（3）视频和光源系统；

（4）推拔器；

（5）机械装置；

（6）探头盘等。

第二节　蒸汽发生器传热管涡流检测

一、常见蒸汽发生器结构介绍

蒸汽发生器(Steam Generator)是核电厂中的重要设备，承担着一次侧与二次侧的热交换任务，又是防止核泄漏的第二道屏障，同时蒸汽发生器传热管的换热面积占一回路压力边界总面积的70%以上，其安全重要性不言而喻。对传热管的金属性能检测目前最为快速有效的方法就是涡流检测。

当前商用核反应堆所使用的蒸汽发生器从安装结构上可分为立式蒸汽发生器和卧式蒸汽发生器。从热交换方式来分可分为直流式蒸汽发生器（OTSG）和回流式蒸汽发生器（RSG）。国内现役和在建的核电站中蒸汽发生器均为RSG，其中除田湾核电站采用卧式蒸汽发生器外，其他均为立式蒸汽发生器。某些研究用堆型中也采用了 OTSG 结构。

本教材将以国内采用最多的立式回流蒸汽发生器为例，简要介绍其结构特点。

从图 5-1 可以看出，传热管使用胀管等工艺安装于管板上，在其上部安装有用于分配二次侧进水流量的分流板、用于分隔管束的支撑板、用于弯管区域减少振动的防振拉杆等附件，这些附件都会对涡流信号产生影响，需要使用专门的方法予以鉴别。

支撑板区域是蒸汽发生器中缺陷发生较为频繁的部位，其结构也最为复杂。图 5-2 为某核电厂蒸汽发生器管束支撑结构图。图 5-3 为蒸汽发生器不同类型支撑板的结构示意图。

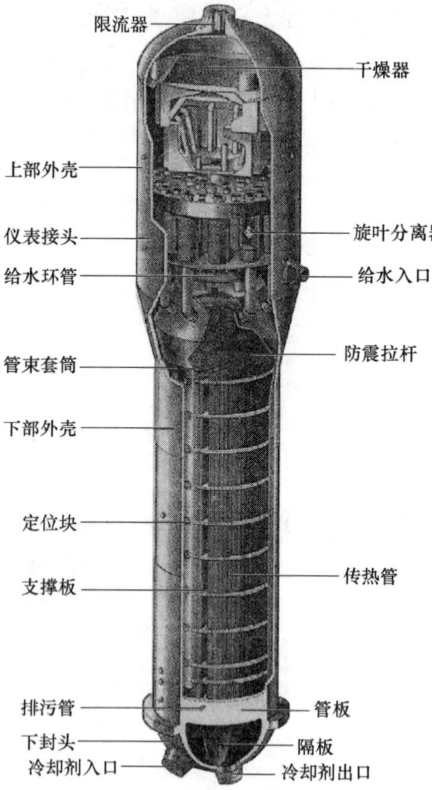

图 5-1　典型的立式 RSG 结构解剖图

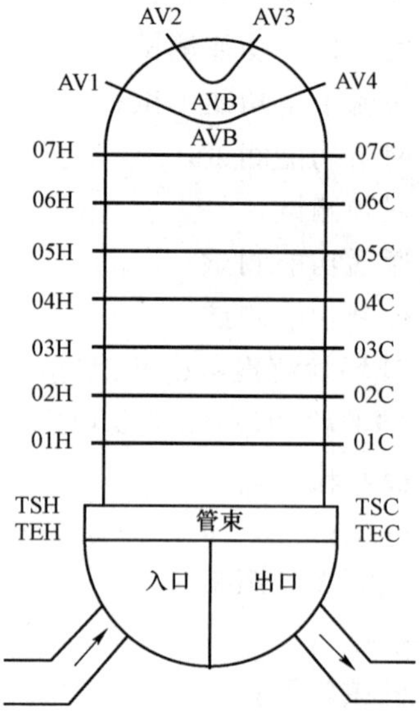

图 5-2　蒸发器支撑结构图

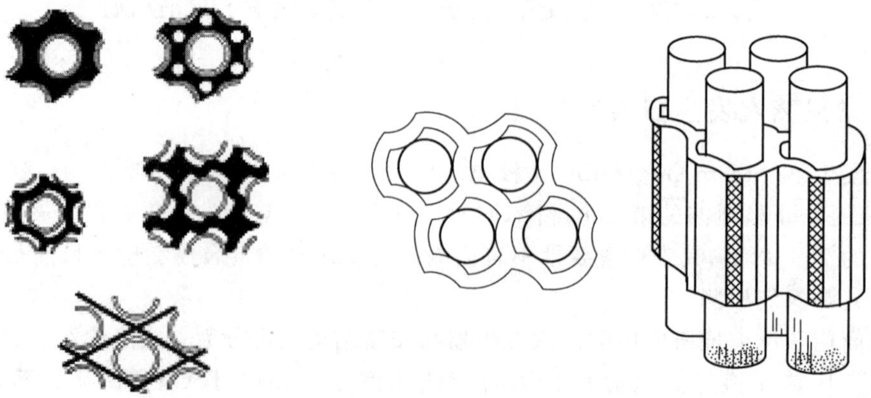

图 5-3　蒸汽发生器传热管支撑板结构图

涡流检测设备通常必须通过蒸汽发生器水室的人孔才能到达传热管管板的底部，而插在管板上的传热管的排列是有一定规则的，可以用行(ROW)、列(COL)数来表示某一根管的唯一位置坐标，而这一坐标分别适用于两侧水室。图 5-4 为某蒸汽发生器冷端(热端)的管板编号图，热端(冷端)一般为对称分布。也有一部分蒸汽发生器在设计时将某些小曲率半径排进行了错位排列，则管分布图将不具有对称性，在检测过程中要特别注意。

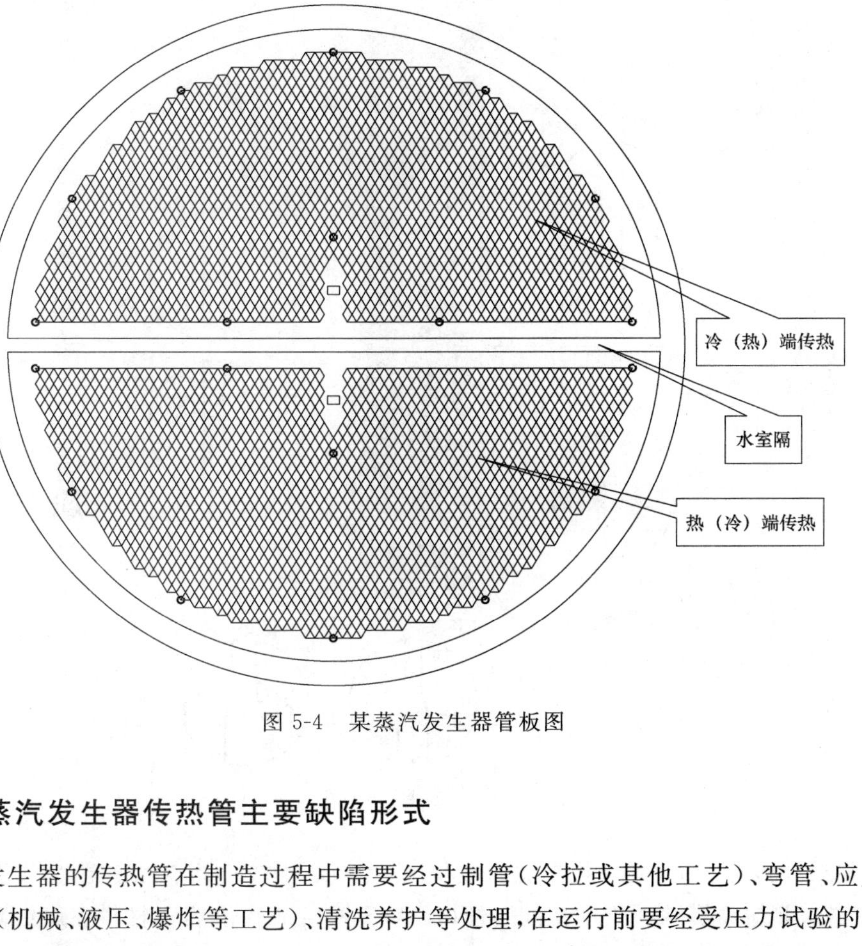

图 5-4　某蒸汽发生器管板图

二、蒸汽发生器传热管主要缺陷形式

蒸汽发生器的传热管在制造过程中需要经过制管(冷拉或其他工艺)、弯管、应力消除、穿管、胀管(机械、液压、爆炸等工艺)、清洗养护等处理，在运行前要经受压力试验的考验，在运行后更是需要长期承受约 300 ℃的运行温度、15.5 MPa 的流体压力、6.8 MPa 的内外壁压力差、随运行时间增加而增加的辐照剂量、管束振动等等恶劣工况，因而可能产生多种类型的缺陷。为确保蒸汽发生器的传热管的完整性，需要通过涡流手段加以检测。图 5-5 为蒸汽发生器常见缺陷示意图。

根据核电厂多年的运行经验，蒸汽发生器传热管的降质的分为 7 类形式，其中化学原因产生的降质为：减薄、点蚀、二次侧应力腐蚀破裂和晶间腐蚀及一次侧应力腐蚀破裂；机械原因产生的降质为磨损、撞击、疲劳。简要介绍如下：

(1) 减薄(Thinning)：主要由二回路水中的磷酸盐引起，一般出现在冷端和热端的管板上的泥渣沉积区和管板缝隙内，但是也可能出现在冷端外围传热管的一些支撑板和防震条区。现在大部分电厂已经对二回路水进行了化学处理，减少了减薄的发生和发展。

(2) 点蚀(Pitting)：由于二次侧介质的流量变化、氯化物的酸蚀、硫离子及铜氧化物影

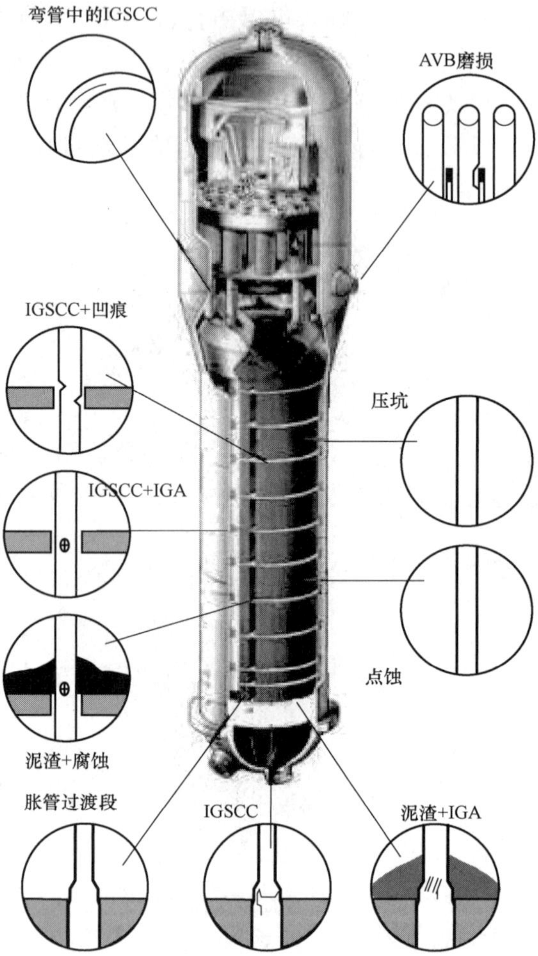

图 5-5 蒸汽发生器常见缺陷示意图

响，在某些材料传热管上(尤其是在泥渣堆积区)容易产生较小的点蚀现象。

(3) 二次侧应力腐蚀破裂和晶间腐蚀(IGA/SCC)：某些传热管材料在腐蚀环境及残余应力的综合影响下会发生晶间腐蚀。这类缺陷通常与高温有关，因此多见于蒸汽发生器的热侧。在管板缝隙、泥渣堆内、支撑板处、无支承区均可以见到。

(4) 一次侧应力腐蚀破裂(PWSCC)：应力腐蚀破裂发生在传热管内壁的一次侧，一般出现在传热管尺寸变化的位置，比如曲率较小的弯管，胀管过渡段和凹痕处。

(5) 磨损(Wear)：在蒸汽发生器运行过程中，支撑部件(尤其是防振条)与传热管间反复发生相对移动从而导致管壁的磨损性减薄。

(6) 冲击(Impingement)：在制造安装或维修过程中，遗留的一些悬浮固体或液体颗粒在二回路水中的冲击管壁，通常出现在支撑板区域或其附近。

(7) 疲劳(Fatigue)：周期性的应力变化，这种缺陷如果存在则扩展较快。通常发生在上支撑板处。

此外，还有一些常见的非降质信号来源，应该加以辨别。

（1）凹痕（Dent）

凹痕主要是由于制造安装过程中的碰撞产生的，此外在运行过程中由于泥渣长时间堆积压碰也可能产生凹痕。凹痕产生的主要位置为传热管支承板处、泥渣堆积区、自由段等。一般情况下，凹痕不作为缺陷处理，但是由于凹痕处存在应力，有可能导致降质失效，同时传热管束内流体受阻，降低传热管疲劳抗力，也可能引发危险性的周向裂纹。因此应在检测中予以足够关注并进行跟踪检测。图 5-6 为典型凹痕（Dent）信号。

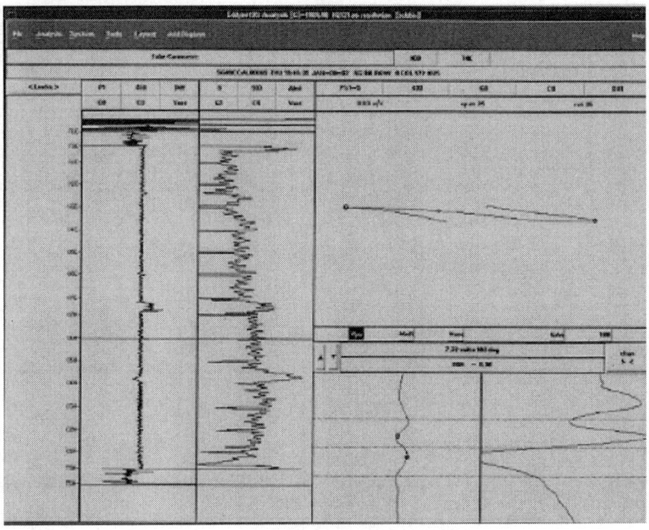

图 5-6　典型凹痕（Dent）信号

（2）磁区显示（PVN）

由于原材料、加工热处理等原因，传热管会出现局部的磁导率的变化，但材料的机械性能并未因此而下降，这种情况通常称为磁区。磁区涡流信号的幅值一般较大，相位呈内伤趋势，同时其"8"字形非常尖锐。为克服磁区对正常检测的影响，一般采用磁饱和探头对其进行复查。当然内穿式磁饱和探头的磁饱和能力是有限的，有时并不能完全消除磁区的信号，但足以为检测人员提供磁区信号存在的佐证。图 5-7 为传热管中的磁区显示。

（3）制造打磨痕迹（MBM）

在传热管的制造期间，因外表面存在外观不良而可能对其进行局部打磨修整，或者在蒸汽发生器制造安装过程中的插管安装阶段，由于安装过程的不顺利，可能导致传热管与支承结构发生轻微的刮擦，这些都将在较低频率的涡流通道上产生一种特殊的显示信号，但无法对其进行材料流失量的估算。这类显示信号统称为制造打磨痕迹（MBM）。MBM 通常仅依据一定的标准进行记录和报告，但不作为缺陷信号处理。图 5-8 为传热管中典型的 MBM 显示。

三、蒸汽发生器涡流检测系统

蒸汽发生器涡流检测的主要设备包括计算机系统及网络、涡流检测系统、探头定位系统、探头推拔系统、视频监视系统、通讯系统等（图 5-9）。计算机系统主要包括工作站、交换机、存储器、打印机等。涡流检测系统包括涡流采集分析软件、多频涡流仪、涡流探头。探头

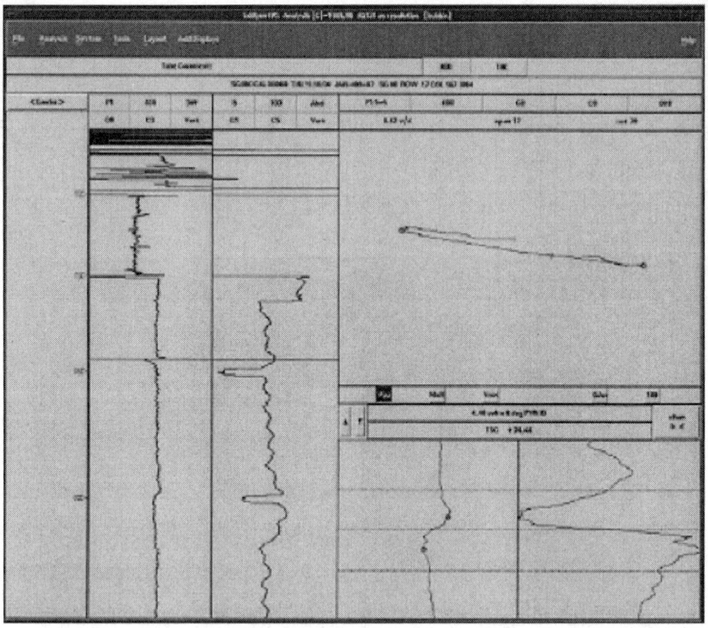

图 5-7 典型磁区(PVN)信号

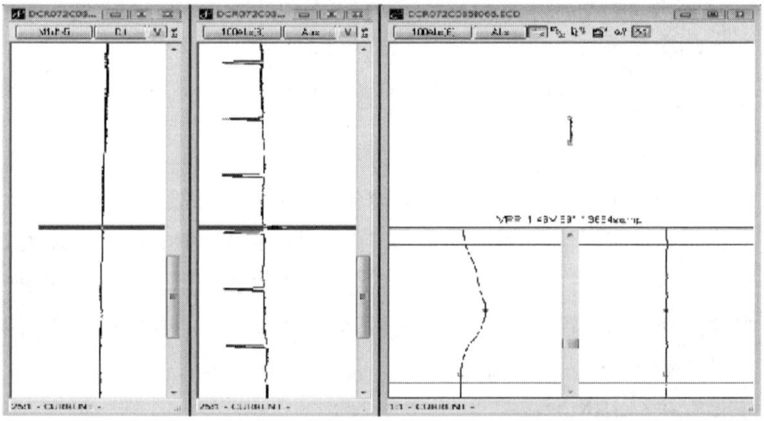

图 5-8 典型的 MBM 显示信号

定位系统包括控制软件、控制箱、定位机械手。探头推拔系统包括控制软件、控制箱、推拔器等。除了计算机系统位于远离放射性环境的安全区域内,其他设备均处于核岛靠近被检测蒸汽发生器附近。两者间依靠网线或光纤实现远距离互联传输。

1. 涡流仪

蒸汽发生器涡流检测对涡流仪要求最低要求 4 频 8 通道,并且要有很高的采样率以提高采集速度,同时能够在现场恶劣环境下连续工作,具有高的稳定性和可靠性。

2. 探头

根据检测的需要,使用到的涡流探头主要有用于直管和大曲率半径的 Bobbin 探头、用于小曲率半径的弯管探头、单点线圈旋转探头,正交线圈旋转探头、阵列探头等。

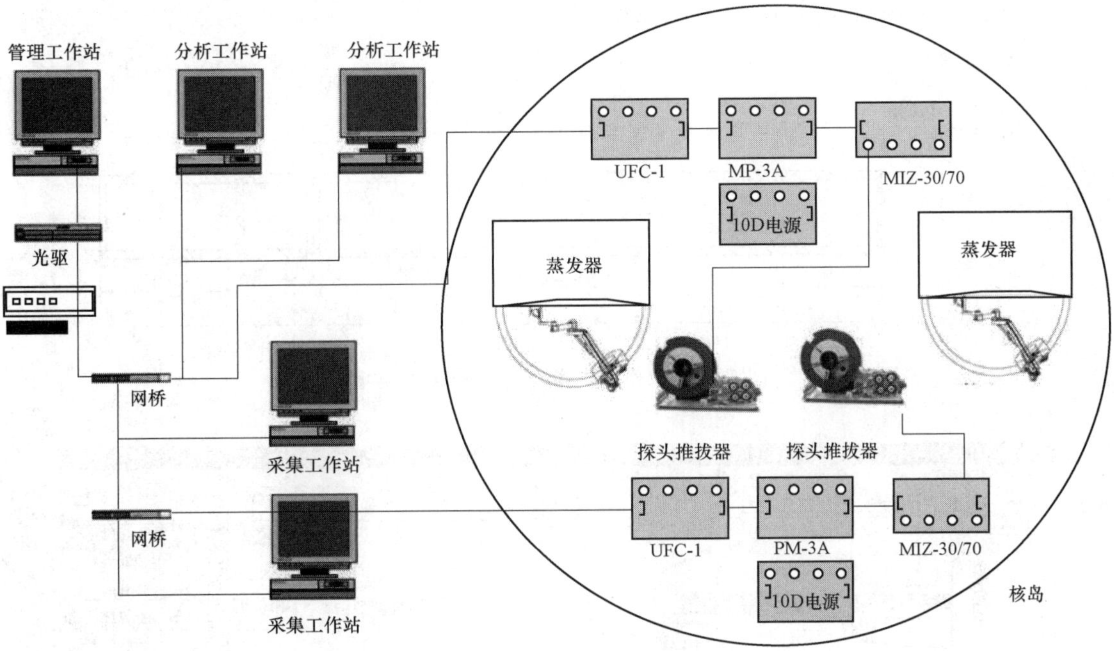

图 5-9 蒸汽发生器涡流检测典型设备配置

3. 标定管

标定管(参考样管)在检测中是必不可少的,对于标定管的设计和加工,根据 ASME 规范标定管原材料应与要检测的产品具有相同的材料,相同的公称尺寸和加工工艺。

对于将被用于建立和确认检测系统响应的标定管,应设计有以下标准不连续性(人工伤):

(1) 一个贯穿管壁的单个通孔,对外径小于等于 19.05 mm 的管子,其直径为 1.32 mm,对外径大于 19.05 mm 的管子,其直径为 1.7 mm;

(2) 4 个直径为 4.8 mm 的平底孔,环绕管子圆周并在同一平面上均布,从管外壁钻入,深度为管壁厚度的 20%;

(3) 一个 1.6 mm 宽的 360°周向切槽,从管内壁切入,深度为壁厚的 10%(选项);

对于将被用于确定不连续性的估计深度信号的相互关系的标定管(即用于判伤曲线的制作的标定管),还应设计有以下标准不连续性(人工伤):

(1) 1 个直径为 4.8 mm 的平底孔,从管外壁钻入,深度为管壁厚度的 40%;

(2) 1 个直径为 2.8 mm 的平底孔,从管外壁钻入,深度为管壁厚度的 60%;

(3) 1 个直径为 1.98 mm 的平底孔,从管外壁钻入,深度为管壁厚度的 80%。

4. 采集分析软件

蒸汽发生器涡流检测软件要有以下几类功能:

(1) 数据与参数存取:检测配置参数的存取、检测数据的读取、分析参数的存取。

(2) 数据显示与测量:信号单通道或多通道显示、缺陷信号的相位幅值测量以及自动记录报告等。信号显示一般有长条图和李沙育图,长条图显示的是信号的 X 或 Y 方向的分量,李沙育图显示信号的矢量,其典型的布置见图 5-11。

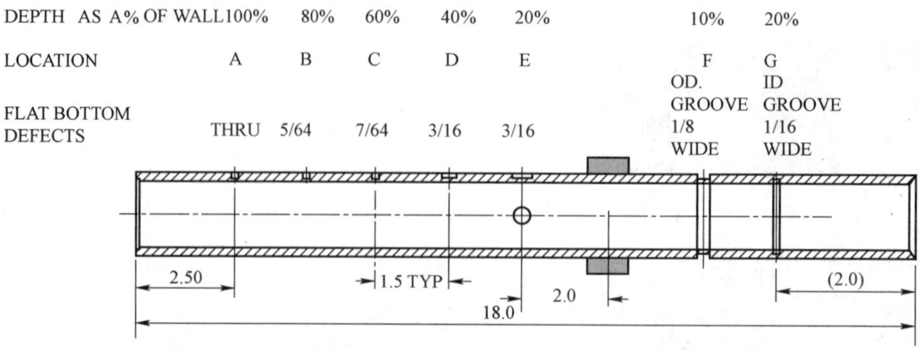

图 5-10　带模拟支撑环的 ASME 标定管

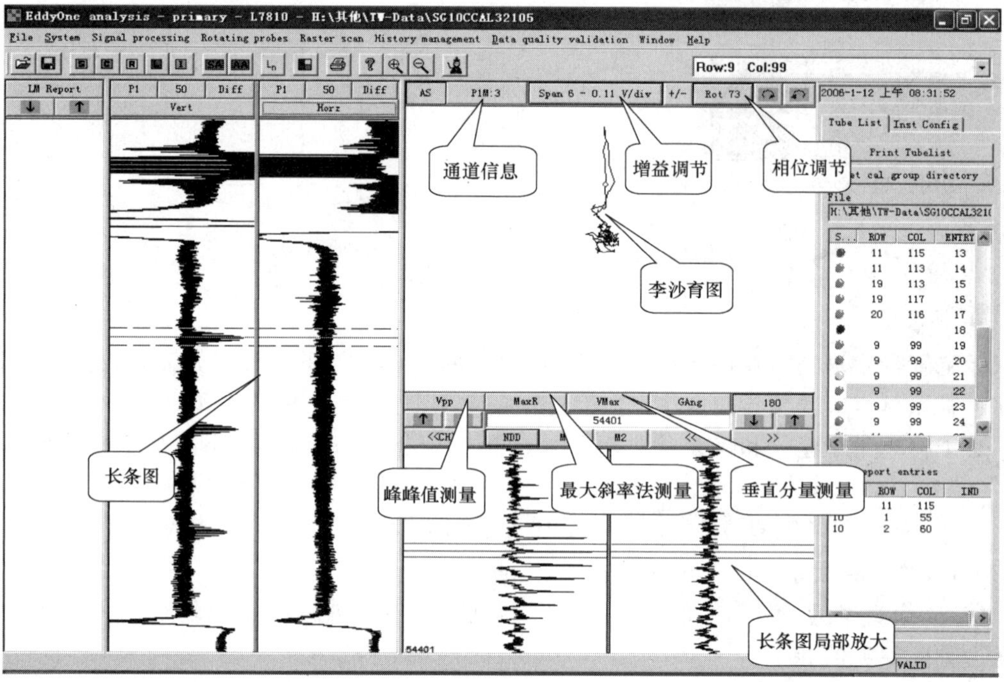

图 5-11　单通道显示基本布置

（3）与检测计划与控制软件同步：以实现检测计划、机械定位、数据系列编号上自动采集自动系列编号。

（4）数据处理：对结构信号的混频（双通道或多通道）、滤波、小波分析等，以及针对螺旋扫查和锯齿扫查的图形 C 扫的生成。

在传热管在役涡流检测过程中，各种类型的结构信号尤其是支撑信号是极其常见并且不可避免的，这类信号常常掩盖了结构位置的缺陷信号，容易造成漏伤，对缺陷判定也产生不利影响，因此通常的应对方法是引入一种信号处理技术—频率混合处理。所谓混频处理，是指采用数学的方法将一种检测频率与另一种对希望进行抑制的信号敏感的频率进行运算处理，达到减小或消除结构信号影响，而显现出结构信号内缺陷信号的目的。图 5-12 为各种差分通道对真实传热管的响应和混频通道（P1）的响应情况，可见在混频通道中支撑结构的影响已基本消除。

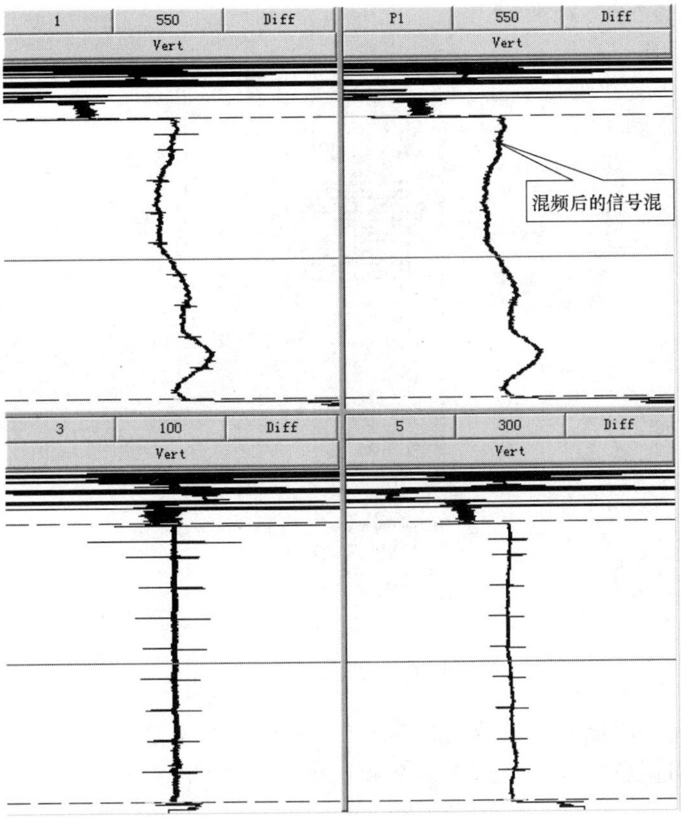

图 5-12　检测通道与混频通道的效果对比

(5) 定位标识:结构信号的自动识别与定位,缺陷的自动定位及记录。

(6) 其他功能:采集的数据有效性自动核查,自动标定,数据自动分析、历史检测结果对比等。

5. 管理软件

管理软件主要有检测计划系统和检测管理系统。检测计划是机械定位和数据采集的依据和序列,以实现传热管的自动导向定位和自动采集存储,见图 5-13。检测管理系统是把分析结果进行统计、与检测计划比较以确认是否完成任务,并对检测结果进行统计分析和出具检测结果报告。由于是自动化操作,大大提高了数据采集和分析以及统计的效率,把出错概率降到最低。

6. 机械与控制系统

机械装置主要包括管位定位器和探头推拔器,定位器可以实现涡流探头的自动导向和定位(见图 5-14),推拔器实现探头送入与拔出。控制器包括机械装置相应的控制和驱动箱。

由于机械定位装置处于一回路的水室工作,放射性较强,要求定位器有很高的可靠性和安全性。通常机械装置都有应急回收装置,以备最坏情况下快速从水室中安全撤出维修。机械装置的材料和运动机构的设计均要保证蒸汽发生器的水室和密封面完好。

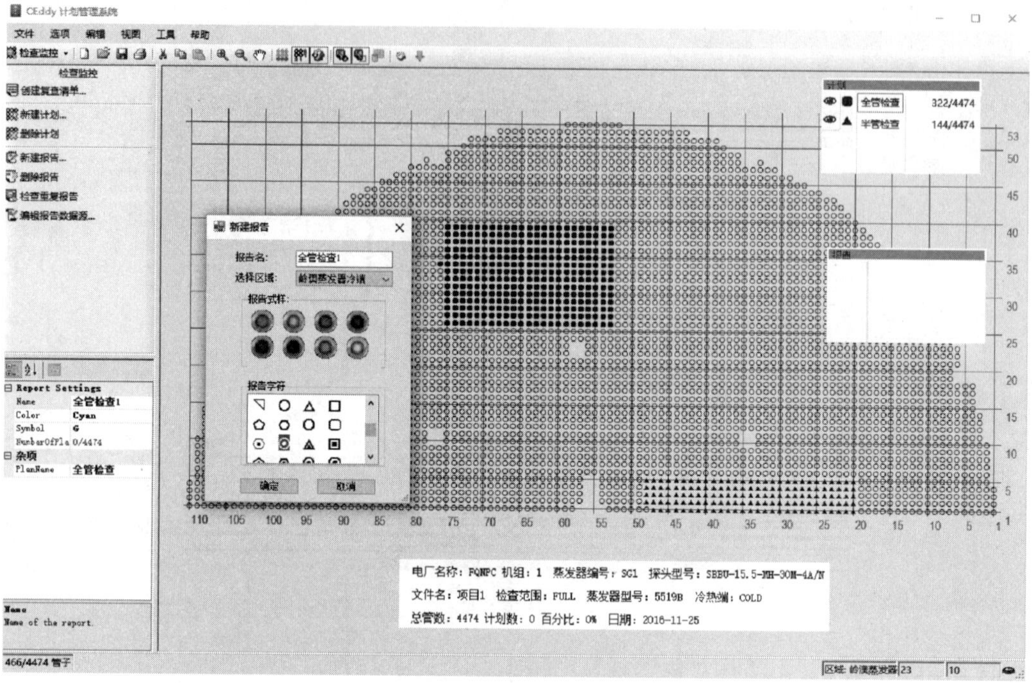

图 5-13 检测计划管图

对于推拔器则要求能够保持速度恒定，以获得较好的信号质量与定位精度。探头压力与电流阈值的适当调整可以延长探头寿命和保护电机。

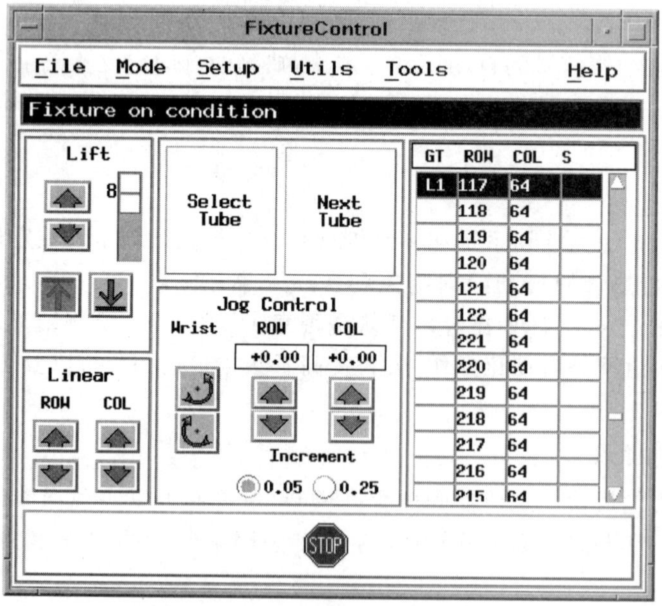

图 5-14 定位器控制软件(计划模式)

四、蒸汽发生器涡流检测流程

蒸汽发生器涡流检测是一个系统而复杂的工程，且经常处于核电厂检修的关键路径上，为了提高效率，缩短检测时间，减小出错的概率，制定最优的标准化工作流程和使用计算机化的管理是非常有必要的。

1. 检测准备

在检测之前必须进行蒸汽发生器涡流检测系统的功能试验，以便保证系统功能的完整性。蒸汽发生器在进行涡流检测前，必须确保核电厂机组处于冷停堆状态，一回路冷却剂排空至蒸汽发生器进出水接管以下，人孔打开并且进行了主管道堵板处理。此外，在可能的情况下应对传热管进行烘干处理。

2. 系统安装

在确认检测先决条件满足要求后，检测人员可以开始将定位装置安装至被检蒸汽发生器，随后安装相应的探头定位导管、推拔器、控制箱等。

为了实现定位器的自动运转，操作人员需要手动控制使其准确定位于管板上已知的、标志明显的若干根传热管下方，利用软件计算获得其余所有传热管的位置坐标。这一过程称为“定位标定”。由于机械定位系统可能存在定位误差，为了保证检测数据与管号不发生错误，一般当检测到特殊位置的管子时需要进行位置核对并作记录。比如边缘管、特征管等。如果有误，从上次位置核对以后所采集的管子都需要重新采集。

3. 数据采集

数据采集设置：检测频率、检测模式、采样点、推拔器速度等。在实际检测工作中，仪器系统的采样率(数字化率)是必须考虑的。ASME 规范规定最低的数字化率是对被检管材进行每英寸(25.4 mm)进行 30 次采样。为方便起见，通常要求为每毫米 2 次采样。在采样率不足的情况下，信号将会出现失真甚至无法辨认、出现漏判的现象，而采样率的无谓增加则将会降低检测速度，增大数据量，因此必须在规范要求、探头运动速度和检测采样率之间取得恰当的平衡。

同常规涡流检测一样，在开始正式检测前，操作人员必须使用标定管和涡流探头以设定好的检测速度采集三次含有标定管伤信号的涡流信号，并根据检测规程对检测仪器进行参数调整和存储。这一过程称为“仪器初始标定”。根据检测规范要求，以下情况需要对检测仪器进行重新标定：

(1) 每隔 4 小时(或 2 小时)；

(2) 每次采集开始和结束时；

(3) 交接班前后；

(4) 记录介质(磁盘、光盘等)的开始和结束；

(5) 与涡流信号有关的设备、探头、延长线等更换后；

(6) 怀疑检测系统有问题时。

当准备工作完成后，操作人员便可以使用预先编制的检测计划，将定位器上的探头定位导管依计划自动定位于需要被检测的传热管下方，驱动探头推拔器将探头送至需检测传热管的全长位置后，开始匀速后退同时自动记录采集的传热管涡流信号，直至探头全部退出传热管后停止。

数据组：为了便于大量数据的分析与管理，传热管数据采集一般采用数据组的形式进行管理，每个数据组都有完整地检测信息如检测对象、检测设备、参数设置、操作人员等，可以独立的存在。因此在数据采集时每个数据组的操作人员都必须输入当前所有的信息。这意味着当要改变检测信息中的任何配置时都必须开始新的数据组。

4．数据分析

为了降低漏检的几率，提高分析结果的准确率，蒸汽发生器传热管涡流检测规程明确规定传热管涡流数据分析，每根传热管的数据均须进行一道、二道独立分析和最后决断分析。一、二道分析必须保证对所有的管子和缺陷不漏检，对缺陷进行初步判定。最后决断分析人员对一、二道的分析结果进行比较，对于一、二道分析出现的不同的分析结果或一、二道分析不确定的分析结果进行最终确定，并进入最终报告。

分析中不能接收的原始数据：

（1）频率、相位、标定管与程序不符的数据；

（2）数据信号中无信号通道；

（3）数据信号漂移过大或饱和；

（4）信号中电噪声等噪声过大；

（5）数据采集长度不完整；

（6）传热管标识不正确；

（7）没按程序标定或不正确的标定。

5．数据管理

这里指的是对采集分析的数据和采集分析人员在线协作的管理。由于传热管数据量很大，人工管理不仅效率很低，而且非常容易出错，这在核电厂是绝对不允许的。因此所有的计划管理都要规范化、计算机化，彻底杜绝差错。

在数据采集之前，要事先根据电厂的检查大纲做好本次大修传热管的检测计划，采集人员就可以根据检测计划准确的采集对应的传热管。分析人员同时对采集的数据进行在线分析，以便对数据质量进行确认。所有分析数据必须进入自动管理系统并与事先制定的检测计划对比，确保无漏检现象发生。在技术条件允许时，还应该制作蒸汽发生器涡流检测的历史数据库，供业主和检测人员进行跟踪对比之用。

由于经常有多个采集人员和多个分析人员同时工作，因此各自的分工和进度也通过软件进行显示和协调。采集和分析工作的协调同步进行，大大提高了效率，缩短了工期。

6．检测系统拆除

检测完成后，对检测系统进行拆除，并按相关要求进行去污、保养和维护，并保持检测现场工完料尽场地清。

7．检测程序

为了把检测过程规范化，核电厂的工作过程都要以书面的形式进行规范，以指导项目实施人员的工作。因此就有了检测程序。涡流检测程序必须包含的信息如下：

（1）人员资格要求；

（2）所有将使用的检测频率；

(3) 检测模式(绝对/差分模式或同时使用);

(4) 检测探头所达到的填充系数;

(5) 探头形式;

(6) 最大检测速度(数据采集时探头运动速度);

(7) 被检测材料描述(材料/尺寸/直径/壁厚等);

(8) 所使用的检测标准;

(9) 检测设备型号、制造厂;

(10) 数据记录设备;

(11) 检测用电缆(型号和长度);

(12) 所使用的软件;

(13) 校准规程和所使用的标定管描述;

(14) 检测结果的解释程序、可记录信号的有关标准。

五、数据分析方法及准则

1. 信号调整

在进行数据分析前,为了使不同的分析人员,不同的涡流数据信号有可比性,使每根传热管的历史信号也具有可追溯性,ASME 规范制定了统一的标定信号的调节规则:

(1) 4 个 20%壁厚平底孔的信号相位角位于通孔信号相位角顺时针方向旋转的 50°～120°(差分通道);

(2) 在探头拉出时,应产生 4 个 20%壁厚平底孔的信号轨迹为首先朝上向右,之后向下回到原点(差分通道);

(3) 调节灵敏度,使 4 个 20%平底孔的最小峰——峰值为水平满刻度的 30%(差分通道);

(4) 使 10%壁厚内周槽的信号位于水平轴的±5°之内(差分通道);

(5) 使坐标轴原点到通孔信号的顶点的连线与水平轴的夹角为 40°,同时使原点到 4 个 20%平底孔信号顶点的连线与水平轴夹角为 50°～120°(绝对通道);

(6) 使 10%壁厚内周槽的信号位于水平轴的±5°之内(绝对通道);

(7) 调节灵敏度,使 4 个 20%平底孔的最小峰——峰值为水平满刻度的 30%(绝对通道)。

图 5-15 为与上述要求相符合的标定管信号响应,左图为差分通道,右图为绝对通道(根据规范许可信号显示转移到了上方象限)。

2. 定量方法

对于缺陷的深度定量,目前主要使用两种方法。

相位-深度法:根据 ASME 规范对仪器系统进行调节后,信号便具有了一定的规律性。在实际检测过程中,最常用的数据分析(判伤)方法是相位判伤法。即根据标定管的标准人工伤深度与相位关系制作出一条相位-深度判伤曲线(如图 5-16 所示),曲线的横轴为缺陷的相位值,竖轴为缺陷深度,管内壁的缺陷使用一次直线拟合,管外壁缺陷使用二次曲线拟合获得相位-深度曲线。对检测过程中发现的显示使用该曲线进行对比进而得出缺陷的深度估计值，即所谓“不连续性的估计深度与信号的相互关系”。

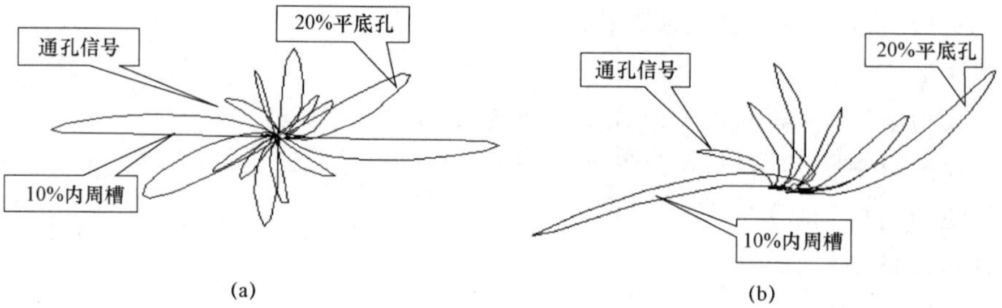

图 5-15 ASME 标定管信号响应

(a) 差分信号；(b) 绝对信号

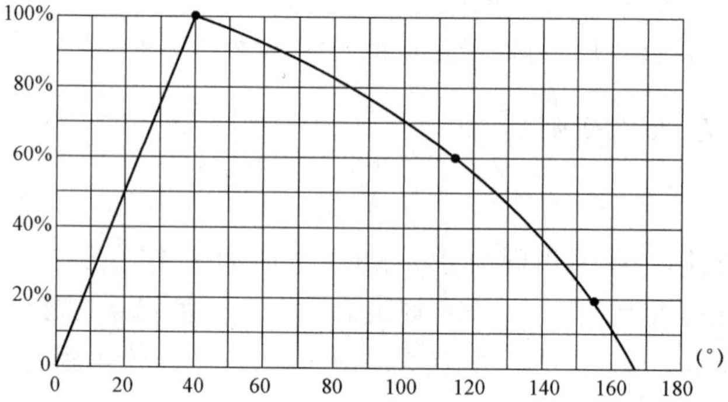

图 5-16 相位-深度判伤曲线

幅值-深度法：对于形状比较规律的缺陷，或探头尺寸相对于缺陷比较小时可以使用幅值-深度法（如图 5-17 所示）。首先需要制作一根与实际缺陷形状一致但是深度不同的参考样管，把人工缺陷信号按照一定的规则调到一定角度，如噪声水平。然后测量不同深度的人工缺陷的幅值，以幅值为横轴，缺陷深度为竖轴通过二次曲线拟合得到幅值-深度判伤曲线。对检测过程中发现的同类显示使用该曲线进行对比进而得出缺陷的深度估计值。

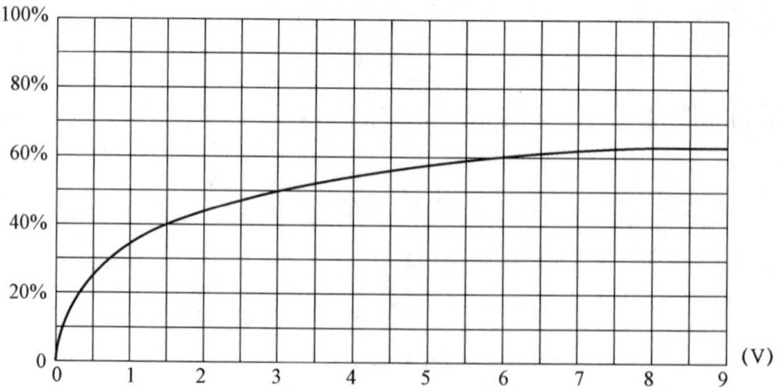

图 5-17 幅值-深度判伤曲线

3. 主要分析方法

与无损检测方法一样，涡流信号的分析没有一种万能的方法。必须依据具体对象选择不同的方法，以获得较好的定量与定性结果。对于缺陷的定性，仅仅从涡流信号分析是不够的，还要针对信号显示所处的位置，此位置可能出现的伤类型进行综合分析，得出正确的判断。

针对缺陷出现的不同位置，需要制定不同的信号分析方法。

（1）直管自由段分析方法

在传热管自由段用主检测通道分析和记录伤信号，用辅助通道辅助分析，若是伤信号，其伤的类型和特征与主通道一致，可使用相位-深度法对缺陷进行深度定量。

（2）支撑板区磨损分析方法

用较高频率与较低频率使用混频技术消除支撑板的干扰，实现对缺陷的检出，以混频通道的结果记录进报告。支撑板区的磨损由于与支撑结构契合，尺寸比较有规律，深度定量较好的方法是使用幅值-深度曲线。同时，在进行缺陷深度定量前最好使用附加手段（如旋转探头）确认磨损的具体形式，即属于单侧磨损或双侧磨损，以便用更接近的人工缺陷形式进行深度定量。图 5-18 为防震条磨损显示。

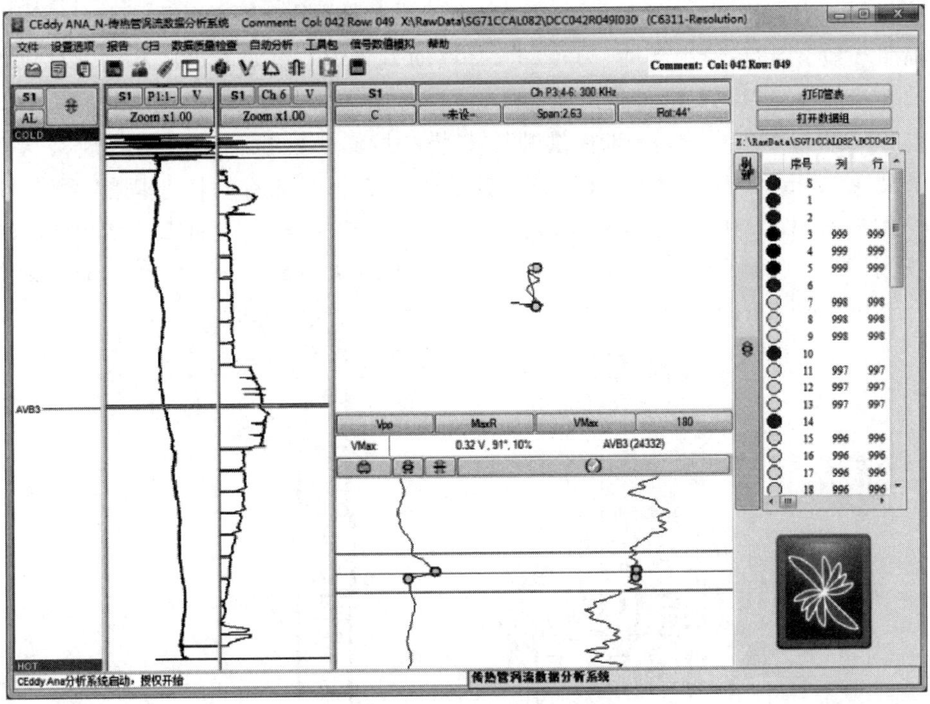

图 5-18　防震条上磨损信号

（3）其他位置的分析

其他位置的分析如沉积物（Sludge）数据、管板过渡段区域（TTS）、小曲率半径 U 形弯管区的分析等均是主要根据结构与电磁耦合的特性来制定规则进行分析。另外，由于 Bobbin 探头具有一定局限性，对于某些不确定的信号，应该应用旋转探头或其他类型的探头进行进一步的检测和确认。

4. 记录准则

在 ASME-2004 版 11 卷 IWB-3521 规定了弯管的验收标准，但是并没有直管的验收标准和记录标准。目前国际惯例是采用与核电厂协商的方式确定记录标准。一般使用管壁减少的百分数来记录伤的最大估计深度，深度达到 20%壁厚的缺陷必须予以记录，不足 20%

的缺陷可统称为小于20%而无需记录精确的百分数，对于深度达到40%壁厚的缺陷则视为超标。在检测报告中记录缺陷必须至少用以下内容进行描述：

（1）缺陷沿管子长度及相对于支撑板的位置；

（2）缺陷穿透管壁的深度；

（3）信号幅值；

（4）评定信号显示的频率或混合频率。

第三节 反应堆压力容器顶盖螺栓和螺母涡流检测

一、主螺栓/螺母基本结构

反应堆压力容器主螺栓/螺母是固定反应堆压力容器本体和顶盖的承力部件，长期在高温高压和辐照环境下运行，使用条件十分恶劣，是核动力装置中重要的承压易损部件，属检测规范规定的必检部件。因此要求进行严格的质量控制和定期检测，以确保其高效安全的运行。

主螺栓一般为双头螺栓，上部有供螺栓安装和拆卸用的拉伸螺纹。其规格从M90到M160，长度1～2 m，材料一般为碳钢，属于铁磁性材料。一般有两段紧固螺纹和一段拉伸用螺纹。例如秦山二期压力容器主螺栓长1 675 mm，被检螺纹为M155×4 mm，螺纹长度上下段分别为240 mm和243 mm。主螺母长度约190 mm，外径226 mm，内螺纹为M155×4 mm。如图5-19所示。

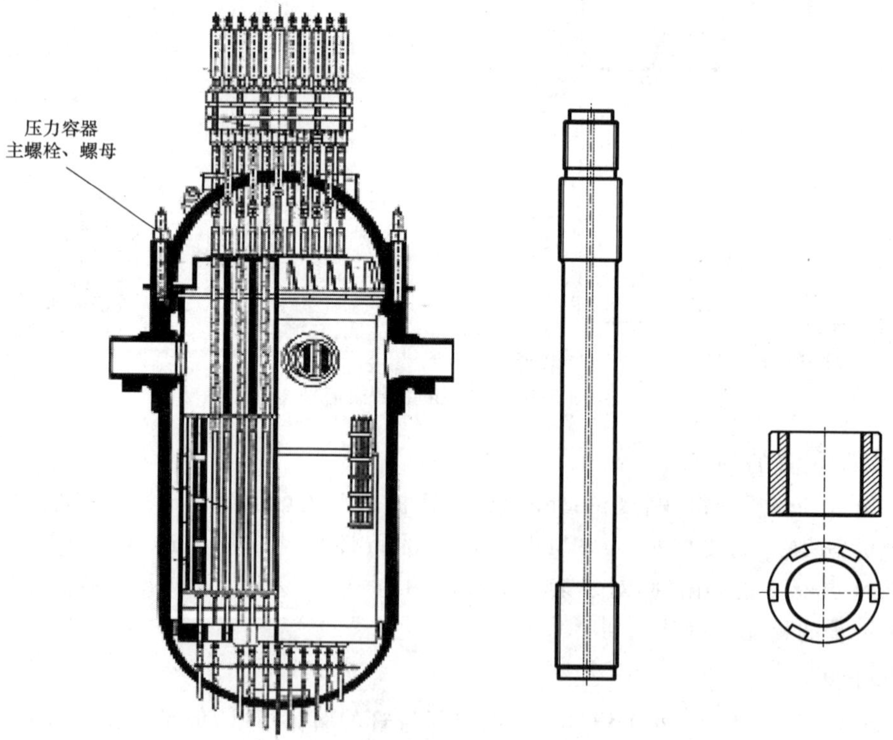

图5-19 主螺栓螺母在反应堆压力容器上的位置和示意图

二、检测设备

承压主螺栓/螺母的涡流检测系统(见图 5-20)一般包括主螺栓/螺母检查机、涡流仪(如美国 ZETEC、MIZ-21B 型等)、涡流探头(见图 5-21)、控制系统、计算机、涡流采集分析软件。涡流探头为带螺纹的楔型的点式探头,能较好的适应螺纹区的形状,通过参数优化,使探头对螺纹根部的裂纹具有较高的检测能力,可以满足规范要求的检测灵敏度。

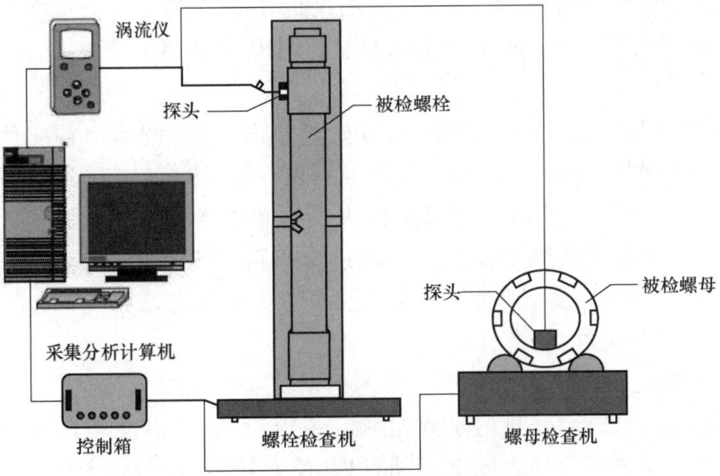

图 5-20 螺栓/螺母涡流检测系统

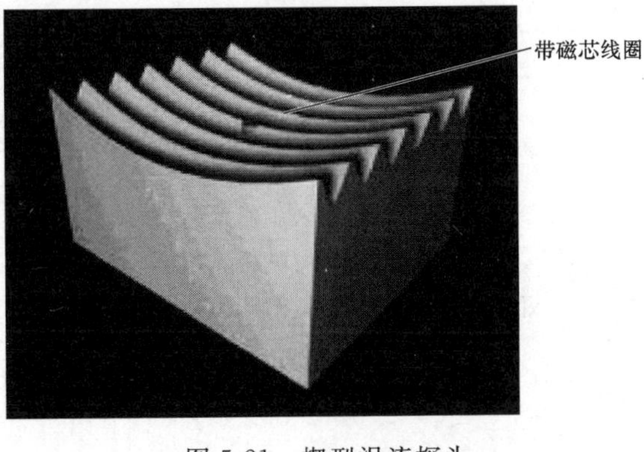

图 5-21 楔型涡流探头

被检主螺栓/螺母垂直放置于检测工作平台上,主螺栓在中间光杆区通过定位夹具定位,被检主螺栓/螺母由马达盘驱动,通过磨擦使之旋转。与被检主螺栓/螺母相同的螺距和半径的螺纹楔型涡流探头(啮合在螺栓/螺母螺纹上),在主螺栓/螺母的带动下垂直地向上或向下运动,以此实现主螺栓/螺母整个螺纹区的检测。

三、检测方法

主螺栓的主要检测方法为超声、涡流和目视。螺母的主要检测方法为涡流与目视。其中主螺栓的涡流检测范围是两个紧固螺纹区及其近表面区域。螺母为全长内螺纹及其近表面区域。

在役运行中的主螺栓/螺母螺纹区的主要缺陷形式有应力裂纹、氧化腐蚀、材料移位、变形、磨损、过厚、加工缺陷、材料缺损、本底噪声等。由于采用涡流幅值法检测，获得的信息较少，对于缺陷性质的判别，需要使用超声、目视、渗透或其他方法进行补充。

对于标定用螺栓/螺母，要求标定螺栓/螺母必须选用与被检螺栓/螺母具有相同材料、规格尺寸和处理工艺，最好是同一个批次制造的产品。

按照RSE-M规定，在标定螺栓/螺母上至少有一组周向切槽，以作为标定测试系统的标准伤。这些切槽应沿螺纹根部加工。每组槽的深度分别为0.5 mm、1 mm、2 mm，宽度0.1～0.2 mm。应该注意的是，加工中不能改变材料电导率和磁导率，因此一般采用电火花加工。

为了能在采集软件上有比较好的显示，首先调节涡流仪：调节增益应使标定螺栓/螺母上1 mm深的参考凹槽处获得一个至少为满屏高度40%的信号。调节相位使显示屏上的本底噪声达到水平（X 轴）。然后涡流仪阻抗矢量模量的 Y 轴分量通过数据采集装置输入计算机，再通过软件上的增益调节使整个测试系统达到下述要求（即标定好）的状态：

（1）对标定螺栓/螺母上端螺纹或下端螺纹上1 mm参考凹槽的峰-峰信号值调整到软件显示中约定的值或记录线处；

（2）本底噪声幅值低于0.5 mm深参考凹槽所产生的信号幅值。

然后开始对受检主螺栓/螺母的正式检测。主螺栓/螺母借助马达驱动的转盘旋转，探头夹持主螺栓/螺母同时垂直地上或下运动，以此使螺栓/螺母的整个螺纹区被检测。

一般来说，每4个小时就必须对检测系统进行一次标定，同时两次标定允许的参考凹槽信号幅值偏差≤±10%。典型的标定信号如图5-22。

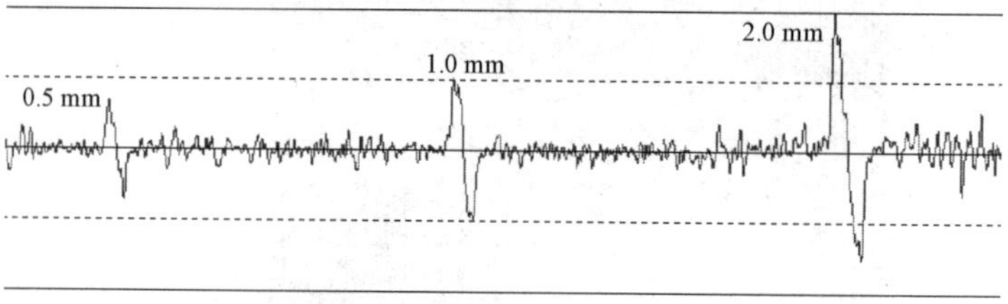

图5-22 典型的螺栓/螺母标定信号

四、数据评定方法

涡流具有灵敏度高，重复性好，检测速度快等优点。其目的是为了发现螺纹区任何重要的材料缺损（如腐蚀、断裂）和及时发现螺纹根部的裂纹蔓延。其评定方法采用幅值当量比较法，根据检测结果显示的幅值与标定试块0.5 mm深、1.0 mm深、2.0 mm深的信号幅值对比，来确定是否达到相关的记录标准或验收标准。典型的带缺陷的螺栓涡流信号参见图5-23。

一般而言，大于或等于0.5 mm人工槽当量幅值的显示都应被记录下来；对于所有被记录的显示，都应增加超声、目视、渗透或其他有效方法来进一步定性和定量。对于主螺栓和主螺母涡流检测的验收标准，一般由各营运单位自定，也可由营运单位与检测方协商确定。

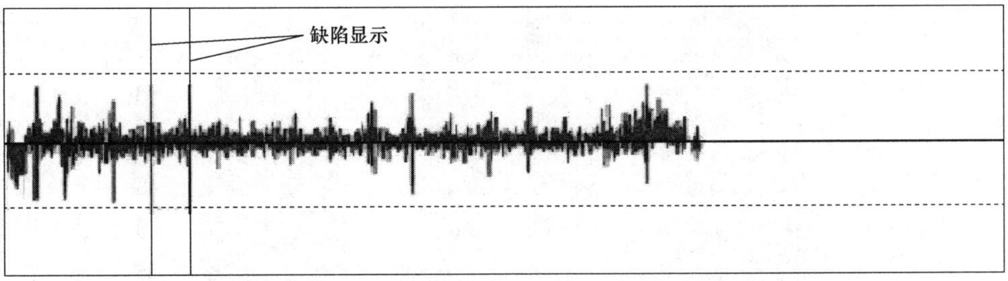

图 5-23　典型的带缺陷的螺栓信号

第四节　凝汽器换热管涡流检测

一、检测对象简介

凝汽器(见图 5-24)位于核电厂的汽轮发电机厂房(也称常规岛),主要用于已完成发电的残余热量与海水进行热交换,使蒸汽凝结成水后重新进入循环。一般来说,凝汽器有多个水室,每个水室又根据传热管内介质的流向分为进水侧和出水侧。壳侧介质为蒸汽,管侧介质为海水,出水侧直接连接海水出口。一般来说,凝汽器换热管的材料为钛合金有缝管,简称凝汽器钛管。根据各核电厂发电机组功率大小及设计的不同,凝汽器换热管的数量和尺寸也各不相同,一般为 Φ25～26 mm,壁厚 0.6～0.7 mm,长度约 16 m,数量约数千根。

二、凝汽器钛管常见缺陷

1. *壁厚减薄*

凝汽器钛管在运行过程中直接被热蒸汽冲刷,在这种运行工况下,极易造成管壁的冲蚀,因此,壁厚减薄是凝汽器钛管最常见的缺陷。

2. *磨损*

在运行过程中,凝汽器钛管与支撑板之间的震动和摩擦也极易造成在支撑板处的磨损。

3. *凹陷*

凝汽器位于核电厂的常规岛,根据以往的经验,凝汽器钛管在安装和运行过程中易受到外来物碰撞或砸伤,造成管壁的凹陷,所以在检测过程中也常遇到凹陷缺陷。

三、检测先决条件

(1) 电厂必须已停堆,并且凝汽器水室中水已排空。

(2) 所有钛管应清洁,并吹干。

(3) 凝汽器水室内必须提供使用安全电压(≤36 V)电源的行灯照明,且水室内须有通风及降温设施。

(4) 脚手架已搭建完毕。

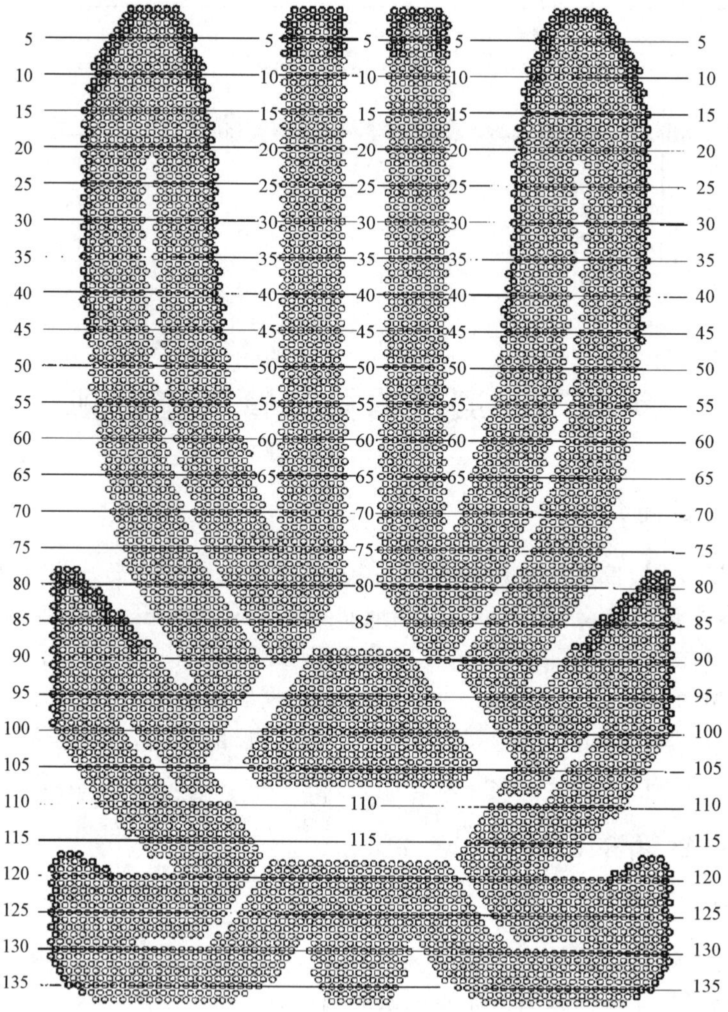

图 5-24　凝汽器水室管板示意图

四、钛管涡流检测系统

根据凝汽器钛管的特点，其在役检查一般采用多频涡流技术，使用内插式探头进行检测。一般从进水侧水室由人工对钛管进行定位并拉拔探头，在探头拉出的过程中完成数据采集，然后由数据分析工作站远程调用采集好的涡流数据完成数据分析。

1. 涡流仪及软件

一般采用多频涡流仪及配套的涡流检测软件进行钛管的涡流数据采集和分析。

2. 探头

凝汽器钛管的涡流检测通常采用轴绕式探头（Bobbin 探头），探头的尺寸依照受检换热管的尺寸而定。

3. 通讯设备

在数据采集过程中为方便采集人员与容器内探头定位/拉拔人员的沟通交流，需采用通讯设备进行通话和监控。

4. 标定管

标定管用于凝汽器钛管涡流检测系统的标定，带有人工缺陷，其设计和制造应满足相关规范的要求。

五、钛管涡流检测记录标准

一般使用管壁减少的百分数来记录伤的最大估计深度，深度达到20％壁厚的缺陷必须予以记录，不足20％的缺陷可统称为小于20％而无需记录精确的百分数，对于深度达到40％壁厚的缺陷则视为超标，也可由营运单位与检测方协商确定记录和验收标准。

第五节　堆芯中子通量测量指套管涡流检测

一、检测对象简介

指套管是核电厂反应堆堆芯中子通量测量探测器的通道，它的一端位于导向管内（导向管焊接在反应堆压力容器底封头上，穿过屏蔽墙，延伸到仪表室隔离阀的密封段，如图5-25所示），另一端穿过压力容器底部，经过仪表导向管固定板、堆芯支撑板、堆芯下栅格板，延伸到燃料组件的顶端。在正常运行期间，指套管固定在导向管内，而在停堆换料期间，指套管

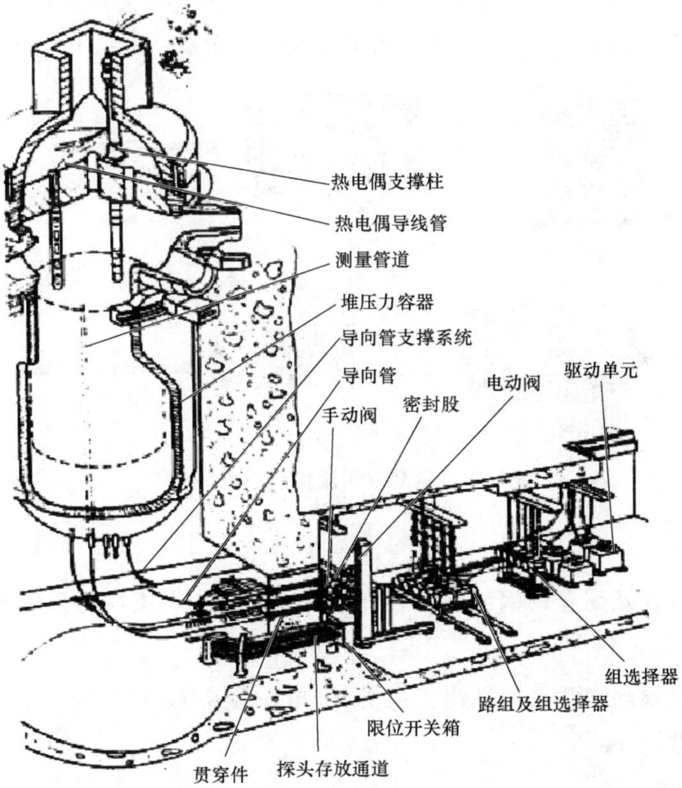

图5-25　堆芯中子测量系统结构示意图

从堆芯中被抽出，以免影响燃料组件的装载定位。指套管位于燃料组件内的上端焊接了锥形端封，而位于仪表室的下端是开口的，中子通量测量探测器由指套管的下端进入指套管内，运行期间对堆芯中子通量进行测量。

指套管全长一般为 14～17 m，大部分位于导向管内，也有部分处于一回路流体中，从外部承受一回路压力的作用，是隔离一回路高压水与外界大气间的屏障，它的破损同样会引起一回路冷却剂的泄漏和污染的扩散。由此可见，指套管实际上是一回路压力边界的一部分，其重要性和蒸汽发生器传热管等是一致的。指套管的材料一般是 316 不锈钢，根据核电站功率及堆型的不同，其数量和尺寸也有所不同，一般内径约 5.2 mm，外径 7.5～8.6 mm，数量约几十根。

二、指套管常见缺陷

指套管常见的缺陷是磨损，以及由磨损引起的壁厚减薄或泄漏。通过对指套管壁厚减薄以及泄漏的实例与分析发现：流体诱发振动，使指套管与导向管管口之间产生摩擦，进而磨损乃至破损，是指套管降质的主要原因，其影响程度主要取决于各核电厂在设计及结构方面特点。

三、指套管涡流检测系统

根据指套管的特点，其在役检查一般采用多频涡流技术，使用内插式探头进行检测。从仪表室一侧由人工对指套管进行定位，并由探头推拔器实施探头在指套管内的拉拔，在探头拉出的过程中完成数据采集，然后对所采集的数据进行分析。

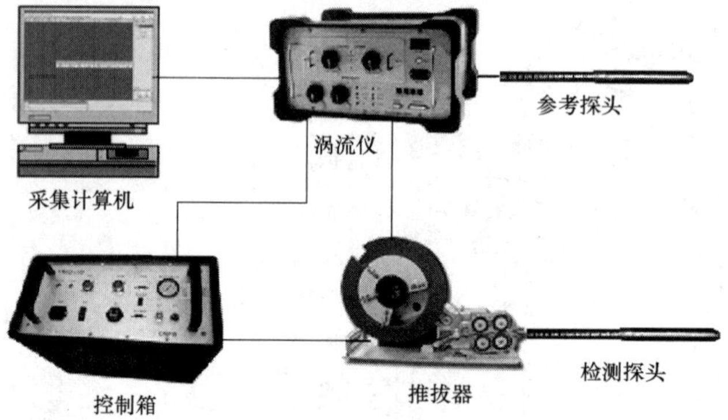

图 5-26 指套管涡流检测系统示意图

1. 涡流仪及软件

采用多频涡流仪及配套的涡流检测软件进行指套管的涡流数据采集和分析。

2. 探头

指套管的涡流检测通常采用轴绕式探头（Bobbin 探头），尺寸 $\Phi 4.8$ mm 左右，要求有较好的柔性及耐磨性。

3. 探头推拔器

驱动涡流探头在指套管内以各种要求的速度的前进和后退。

4. 标定管

标定管用于指套管涡流检测系统的标定，带有人工缺陷，其设计和制造应满足相关规范的要求见图 5-27。

位置	A	B	C	D	E	F
缺陷深度占壁厚百分比	76.8%	59.4%	38.9%	20.2%	8.8%	100%

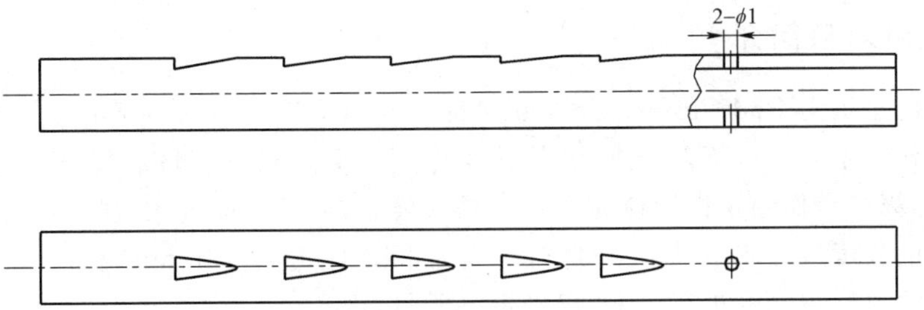

图 5-27 标定管示意图

四、指套管涡流检测技术要点

(1) 指套管的主要缺陷形式为磨损，检测应以幅值分析法为主，以相位分析法为辅；

(2) 因磨损主要发生在指套管与各部分导向管管端可能接触的部位，因此必须使用混频技术来抑制导向管管端信号；

(3) 在检测模式下，将探头送入指套管并匀速拉出，探头回拉的速度应≤300 mm/s；为避免探头撞击到指套管顶端的密封焊缝而造成损伤，检测区域为从指套管的管口到距离指套管顶端约 1 米处之间的区域；

(4) 数据采集人员应记录下指套管的涡流数据，以便分析人员进行分析；

(5) 检测期间应注意对指套管管端螺纹及仪表室内设备的保护；

(6) 数据分析人员可进行在线或离线分析，对存在可记录显示的管子特别是存在超标显示的管子必须实施复查；

(7) 指套管涡流检测存在较高的表面污染风险。

五、指套管涡流检测记录标准

1. 记录标准

指套管减薄量大于或等于 20%壁厚时都必须记录。

2. 缺陷显示的分类

可记录的缺陷显示应按如下方式分类：

A 类：指套管减薄量≤30%壁厚；

B 类：30%壁厚＜指套管减薄量≤50%壁厚；

C 类：50%壁厚＜指套管减薄量≤65%壁厚；

D 类：指套管减薄量＞65%壁厚。

3. 验收标准

在结构处的磨损量大于 50%壁厚的指套管按下列措施处理：

(a) 减薄量大于50%壁厚的指套管移位处理；

(b) 减薄量大于65%壁厚的指套管建议更换。

第六节　控制棒束组件(RCCA)涡流检测

一、检测对象简介

RCCA的全称是Rod Cluster Control Assembly，也就是控制棒束组件。RCCA在反应堆运行中的作用主要有以下两个方面：第一个作用是通过在反应堆芯提升和下落来控制堆芯的反应性，第二个作用是控制棒完全落下插入堆芯，使反应堆进入次临界而停闭。

控制棒的长度接近4 m，包壳管材料一般为不锈钢，壁厚0.5 mm左右。在役检查期间常用涡流方法对其包壳管进行检测，以确定其质量。

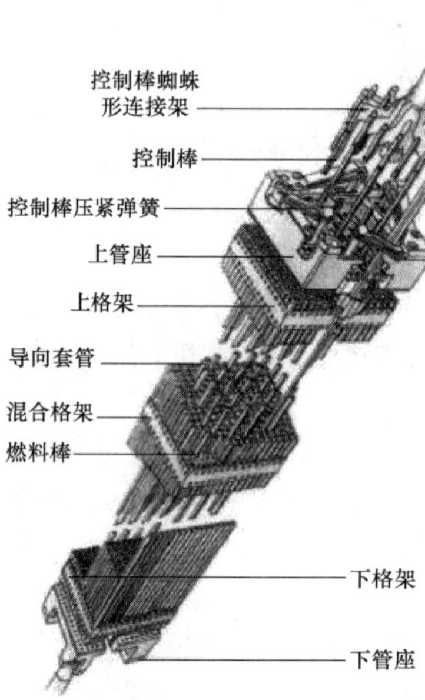

图5-28　RCCA结构示意图

二、RCCA常见缺陷

1. *微振磨损*

在导向隔板处，由于流体压差，使控制棒与隔板开口产生挤压，进而发生微振磨损。

2. *步进磨损/急停磨损*

控制棒沿导管滑动，产生步进磨损/急停磨损。

3. *发丝型尖端开裂*

发丝型尖端开裂由包壳应力(吸收材料与包壳相互作用)引起。

4. 肿胀

包壳的辐射损坏、水侧的环境影响会引起包壳管肿胀。

三、RCCA 涡流检测系统

根据 RCCA 的特点，其在役检查一般采用单频或多频涡流技术，使用外穿式探头进行检测。检测装置布置在水下，通过电缆与岸上的操作/控制工作站相连。涡流探头组固定在水下，RCCA 通过吊具从上到下插入涡流探头组，在落棒或提棒的过程中进行数据采集和记录。

1. 涡流仪及软件

采用可同时支持多个探头采集的涡流仪及配套的涡流检测软件进行 RCCA 的涡流数据采集和分析，如图 5-29 所示。

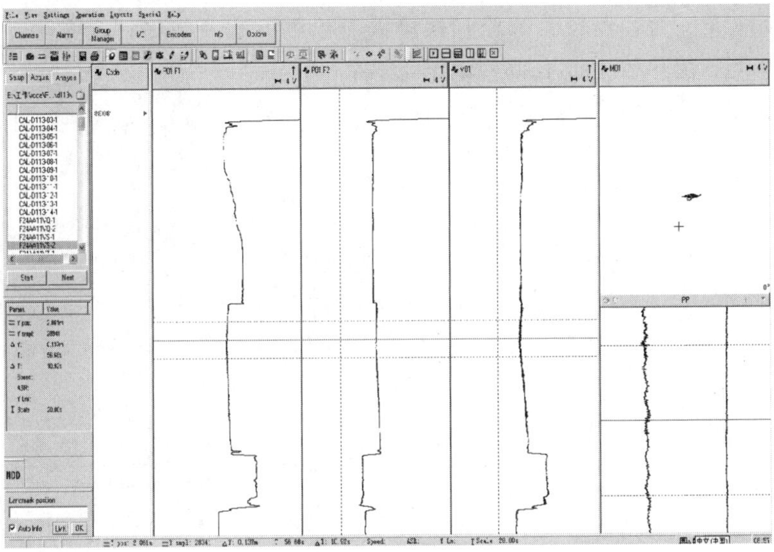

图 5-29　数据分析软件操作界面

2. 探头

RCCA 的涡流检测通常采用轴绕式探头组（Bobbin 探头），可同时检测数根控制棒包壳管。

3. 标定棒

标定棒用于 RCCA 涡流检测系统的标定，带有人工缺陷，其设计和制造应满足相关规范的要求。

四、RCCA 涡流检测技术要点

RCCA 涡流检测的技术要点如下：

（1）因 RCCA 结构的特殊性，对其进行检测可同时应用涡流和超声方法，实际工作中，两种检测方法可以互补；

（2）必须使用混频技术来抑制结构信号；

（3）检测期间落棒和提棒的速度应遵守核电厂的相关规定；

（4）数据采集人员应记录下换热管的涡流数据，以便分析人员进行分析；

（5）检测期间应特别注意对受检对象及周围设备的保护；

（6）数据分析人员可进行在线或离线分析，对检测出的可记录显示必须根据其他方法的检测结果综合判定并复查；

（7）RCCA 涡流检测设备要求有极好的水下密封性能；

（8）对 RCCA 涡流检测有很高的工业安全和辐射防护要求。

思考题

1. 简述核设备涡流检测特点。
2. 简述蒸汽发生器传热管涡流检测流程。
3. 简述反应堆压力容器顶盖螺栓和螺母涡流检测方法及数据评定方法。
4. 蒸汽发生器传热管主要有哪些缺陷形式？

第六章　涡流检测通用工艺规程与工艺卡

无损检测规程和检测工艺卡都是指导无损检测工作实施的技术文件。由于专业方法的不同，不同无损检测专业的检测规程和工艺卡在编写形式和内容上存在较大的差异。不论是国外，还是国内，各企业关于生产与质量控制方面的工艺文件管理模式和体系千差万别，并没有统一的模式，因此在检测规程和检测工艺卡的编制、使用和管理上也就各不相同。

第一节　通用工艺规程

涡流检测规程是针对被检测的对象，实施涡流检测工作的要求，这些要求的描述是根据给定的标准、指令或规范编制的。要求检测规程编制人员在检测仪器、影响检测结果与可靠性的因素、被检测对象的材料与制造工艺及其使用条件与要求、判定准则等方面具有丰富的专业知识和实际经验。

涡流检测规程一般按以下结构和内容要求编写：

a）目的；

b）适用范围；

c）应用文件；

d）人员资格要求；

e）检测设备；

f）检测先决条件；

g）检测计划；

h）数据采集；

i）数据分析；

j）复验；

k）记录要求和验收标准；

l）综合报告和检测报告；

m）附录。

在核电领域涡流检测技术应用最为广泛的是针对热交换器传热管的检测，现以热交换器传热管涡流检测为例来分析和说明涡流检测规程的编制。

1. 目的

需要描述编制本规程的规定和目的是什么，规定了哪些方面的要求等。

2. 适用范围

需要说明本规程适用的对象的名称、材料、规格和要求检测的范围等。

3. 应用文件

需要描述所引用的法规、标准、用户手册、其他技术和管理文件等。

4. 人员资格要求

需要规定对从事涡流检测的人员所持有证书的级别、类型、行业和有效期等,并要求检测人员应具有的工作经验或经过的专项培训等要求。

5. 检测设备

需要描述涡流检测系统组成部分的软硬件构成,如仪器规格型号、探头规格尺寸、标定样管等。

6. 检测先决条件

需要描述现场准备、文件准备和标识复核等方面的要求。

7. 检测计划

要求描述检测计划的具体规定,如检测的起始规定、编号规定、顺序规定等。

8. 数据采集

要求描述数据采集准备工作的情况,数据采集参数的配置,系统的初始参数设置和标定,数据采集步骤,对标定的要求等。

9. 数据分析

要求描述数据分析的基本要求,数据分析操作的步骤、分析的方法和依据以及规定,数据分析的参数配置等。

10. 复检

需要描述对复检的具体要求,采取的方法、手段、重复次数等。

11. 记录要求和验收标准

需要描述记录准则和具体规定,以及记录每一个显示信号的具体内容要求,验收标准所执行的规范。

12. 数据管理

数据管理人员应及时跟踪统计数据采集和数据分析进度,一旦发现漏检等,应立即通知纠正。数据采集和分析完成后,应形成数据管理报告。

13. 检测后处理

需要描述设备的撤除和现场清理要求。

14. 综合报告和检测报告

综合报告是对检测结果进行综述,并且包括检测进度、质量控制、检测结果、缺陷分类统计、工作量等内容。检测报告应包括报告编号、实施单位、项目名称、检测范围、系统名称、受检部件编号、材质、规格、表面状态、检测比例、环境温度、检测程序名称和版本、仪器型号、仪器编号、样管型号、样管编号、探头型号、探头编号、检测频率、检测速度、采样率、工作方式、记录标准等。

第二节 工艺卡

涡流检测工艺卡是针对一个具体的零件或一系列同类的零件,根据相关的涡流检测程序制定的描述如何有序地实施涡流检测工作的技术文件。涡流检测工艺卡一般包括:适用对象、检测人员与仪器设备的信息,所用材料与校准的情况,以及检测步骤等内容。

以检测某冷凝器传热管为例，介绍工艺卡的编制，传热管规格 Φ19×1 mm，材质为海军铜。按 NB/T 47013.6—2015 标准执行涡流检测，记录标准为≥20%壁厚减薄，合格标准为<40% 壁厚减薄。本次检测的工艺卡见示例(见表 6-1)。

检测类型可填“产品检测”“在役检查”“在役远场”，本次检测为在役检查。

探头规格可填“外穿式+内径”“内穿过式+外径”“远场+外径”，本次检测使用内穿式探头，探头外径比传热管内径小 1 mm。

线圈形式可填“差动”“绝对”“双激励”“单激励”，后两者仅限远场涡流，本次检测线圈形式为差动式。

检测频率可根据计算、试验或经验获得。计算值仅为参考，实际应以样管调试为准。通孔设置为 40°，20%外壁平底孔角度推荐为 120°～160°。

执行标准根据具体要求填写，应包括版本号及章节。

记录标准应根据标准或合同或技术条件规定。

合格标准应根据标准或合同或技术条件规定，产品检测记录标准通常即为合格标准，其他则为处理或堵管要求。

检测区域示意图、检测步骤、判伤曲线及备注见示例。

表 6-1　工艺卡示例

工艺卡编号：×××-GY-ET-001

委托单位	×××	工件规格	Φ19×1 mm	仪器型号	EEC-39
工件名称	冷凝器传热管	工件材质	海军铜	标定样管	×××-YG-001
检测区域	全管	检测类型	在役检查	探头规格	Φ16 mm 内穿式
检测人员要求	ET-Ⅰ及以上	表面状态	清洁干燥	线圈形式	差动式
分析人员要求	ET-Ⅱ及以上	检测频率	60 kHz/ 30 kHz	混频	60 kHz-30 kHz
检测速度	≤300 mm/s	增益调节	通孔 60%满屏	相位调节	通孔 40°±5°
执行标准	NB/T 47013.6—2015	记录标准	≥20%壁厚减薄	合格标准	减薄<40%壁厚

检测区域示意图

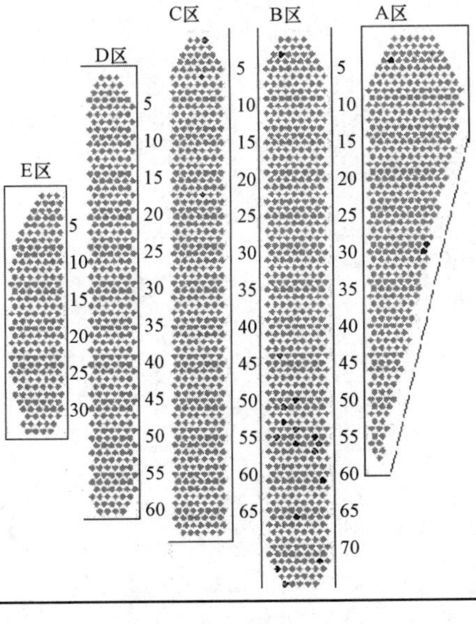

检测步骤

1. 正确连接设备探头
2. 开机预热
3. 参数设置
4. 检测
5. 数据分析
6. 复检(如有必要)
7. 拆除设备探头

注：必须按标准要求进行系统标定

续表

委托单位	×××	工件规格	Φ19×1 mm	仪器型号	EEC-39

判伤曲线(主频)

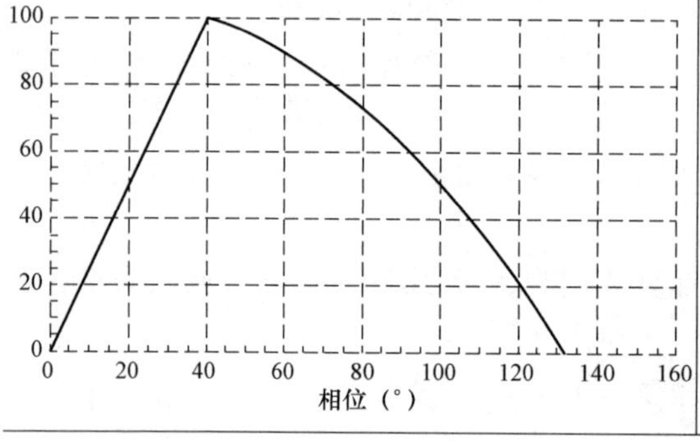

判伤曲线(混频)

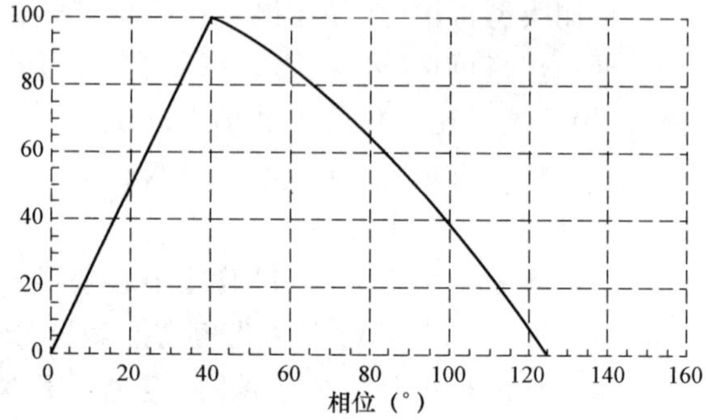

备注：
左图中判伤曲线为主频(60 kHz)通道的判伤曲线,是评定缺陷深度的主要依据。
右图中判伤曲线为混频通道的判伤曲线,是评定支承板下缺陷深度的主要依据。

编制	×××	审核	×××
级别	ET-Ⅱ	级别	ET-Ⅱ
日期	201×-××-××	日期	201×-××-××

思考题

1. 简述检测规程包含的内容。
2. 简述工艺卡包含的内容。

第七章　涡流检测所用设备器材的性能测试

第一节　概　述

对于不同的涡流检测仪器，所关注的性能参数与指标是各不相同的，如对于涡流检测仪，要求仪器对探头离开被检测对象距离的微小变化的响应越小越好，即提离抑制（或称为提离补偿）性能越强越好，而对于涡流测厚仪，则要求仪器对于探头离开被检测对象距离的微小变化的响应越显著越好。因此，本小节分别针对涡流检测仪、电导仪和测厚仪介绍涡流仪器的性能和测试方法。

第二节　涡流检测仪的性能测试

涡流检测仪的种类很多，当配以不同形式的检测线圈并用于不同的检测对象时，人们对其所关注的性能及其性能的表现形式也会有较大的差异。下面以配备外通过式和内穿式线圈、用于检测管材或管材制品的涡流检测系统为例加以介绍。检测系统的性能是通过对标准试样上人工缺陷的响应进行测试和评价的，因此标准试样的设计制作是正确、合理评价系统各种性能的关键。

一、对缺陷深度响应性能的评价

如图 7-1 所示，试样外壁上加工有一组深度分别为壁厚 20%、40%和 60%，宽度为 0.5 mm，长度为 30 mm 的纵向槽形缺陷。使标准试样以尽可能平稳的速度通过检测线圈（如果采用内穿过式线圈，使检测线圈平稳地穿过标准样管），调整检测灵敏度，使深度为 60%壁厚的人工缺陷响应信号的幅度为显示屏最大显示值的 100%，记录和比较各人工缺陷响应信号的幅值来评价涡流仪对不同深度缺陷响应性能。

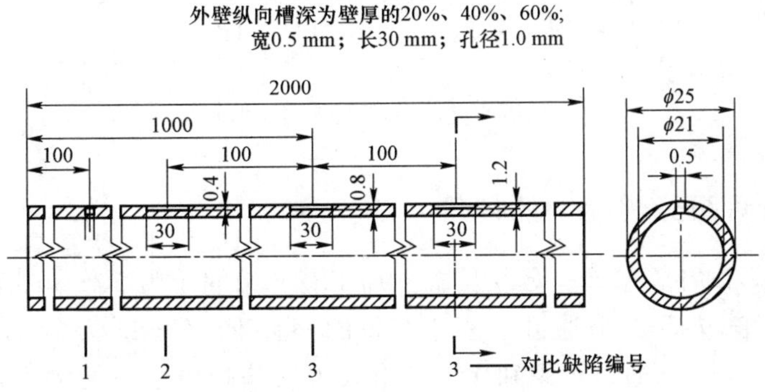

图 7-1　评价缺陷深度响应性能的标准试样

二、对内部缺陷和表面缺陷响应能力的评价

图 7-2 所示标准试样上有两对深度分别是管材壁厚的 20％和 40％，宽度均为 0.5 mm 的内、外槽伤。以尽可能平稳的速度使试样同心地通过检测线圈中心，并将最大响应信号的幅度调整至仪器最大指示值的 100％，测量和记录各响应信号的幅度。根据标准试样内、外壁上深度为壁厚的 20％和 40％环形槽响应信号幅度的测定值，计算出检测仪器对表面缺陷和内部缺陷指示信号幅值之比，并以此作为评价仪器响应能力的指标。

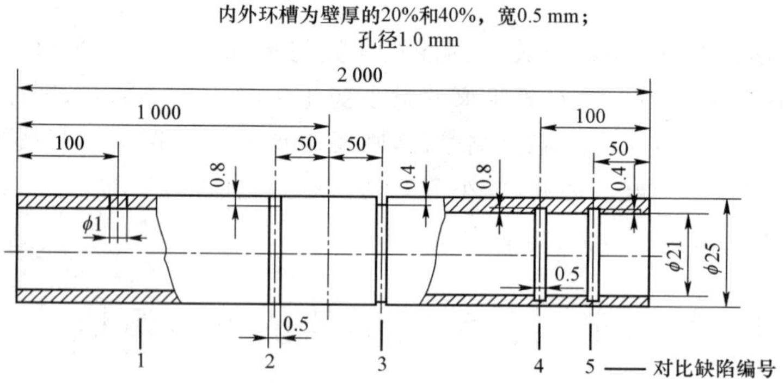

图 7-2　评价内部缺陷和表面缺陷响应能力的标准试样

三、对缺陷长度响应性能的评价

图 7-3 所示标准试样上加工有深度为 0.2 mm，长度分别为 2.5 mm、5 mm、10 mm、15 mm、20 mm 和 40 mm 的人工槽形缺陷。将该试样平稳地穿过检测线圈中心，并测量和记录信号幅度。以响应信号幅度与 40 mm 长槽形缺陷响应信号幅度之差不大于 3 dB 的最短槽形缺陷的长度作为评价涡流检测仪“极限缺陷长度”的指标。

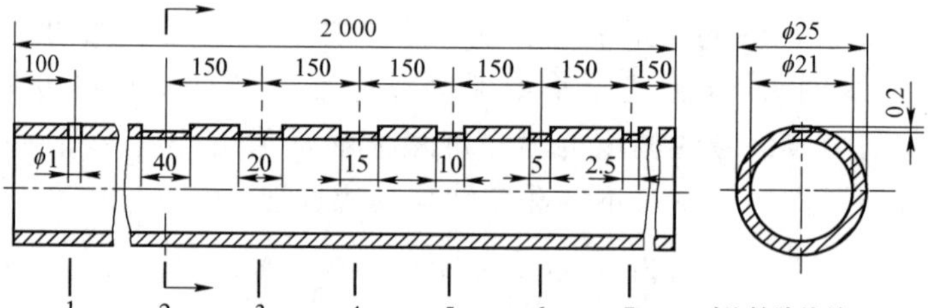

图 7-3　评价对缺陷长度响应能力的标准试样

四、对缺陷间距分辨能力的评价

如图 7-4 所示，试样管壁同一母线位置上加工有 6 组间距为 50 mm、直径为 1 mm 的通孔缺陷。每组缺陷包括 3 个通孔，它们之间的间距依序分别为 4 mm、6 mm、8mm 、10mm 、15 mm、20 mm。通过记录和比较各组人工缺陷响应信号的大小，以邻近两个孔指示信号与间距为 200 mm 的孔的指示值不大于±3 dB 时的最小孔间距作为评价和确定涡流仪的检测分辨能力和对不同间距缺陷响应性能的指标。

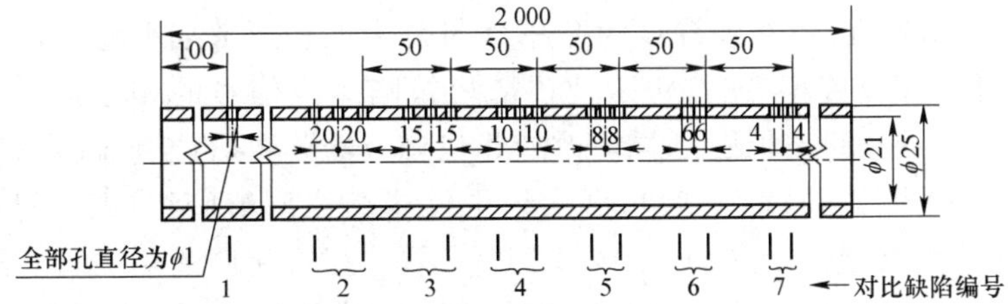

图 7-4　评价对缺陷间距分辨能力的标准试样

五、周向灵敏度差的测试与评价

如图 7-5 所示，标准试样上直径为 1.0 mm、沿圆周以角距为 120°分布、孔距为 100 mm 的 3 个人工通孔缺陷，平稳、匀速地通过检测线圈中心，测定和记录每个孔响应信号的幅度。以 3 个孔响应信号之间的最大差值作为评价仪器周向灵敏度差性能的指标。

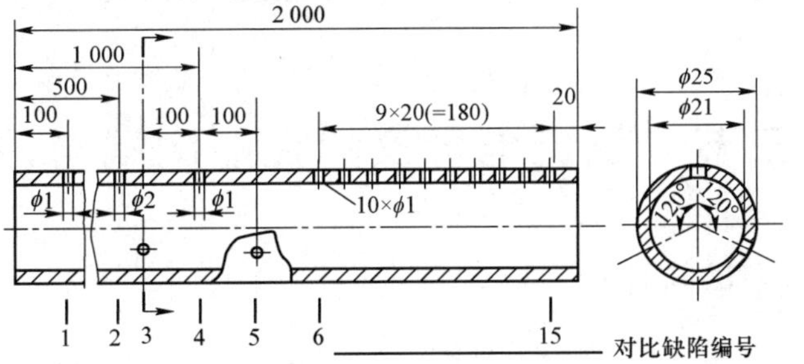

图 7-5　评价周向灵敏度、端部盲区及检测灵敏度的标准试样

六、端部盲区的测试与评价

如图 7-5 所示，在距离标准试样一端的管壁同一母线位置上加工有 10 个间距为 20 mm、直径为 1 mm 的通孔缺陷。使这 10 个通孔平稳、匀速地通过检测线圈中心，各孔响应信号幅度与距离管端部最远孔的响应信号幅度相比，以其中幅度之差不大于±3 dB、距离管端部最近的孔到管端部的距离作为评价和确定涡流仪的检测端部盲区的评价指标。

七、涡流仪灵敏度调节性能的测试与评价

采用图 7-5 所示标准试样，使直径为 2 mm 的通孔缺陷平稳、匀速地通过检测线圈中心，调节仪器检测灵敏度，使该人工缺陷的响应幅度为仪器最大显示值的 100%。依次降低检测灵敏度，使响应信号幅度分别约为仪器最大显示值的 75%、50%、35%、25%和 10%，在上述不同灵敏度水平下分别重复进行 3 次测量，并记录每一次孔形缺陷响应信号的幅度。以每个灵敏度级别下 3 次测量值的平均值与理论计算值之差作为评价仪器灵敏度调节性能的指标。

八、涡流仪相位调节性能的测试与评价(适用于带相位调节功能的仪器)

采用图 7-1 所示标准试样，使深度为壁厚 20%外表面槽形缺陷平稳、匀速地通过检测线圈中心，调节仪器的相位旋钮(或按键)，使该槽形缺陷响应信号的相位角为 0°或 90°，记录仪器相位调节旋钮(或按键)的读数；同时改变相位调节器读数，直至该缺陷响应信号的相位角变化了 360°(即响应信号旋转一周)，再次记录仪器相位调节旋钮(或按键)的读数；将相位调节器的两次读数的差值均分为 12 档，以 1/12 差分挡重新调节相位调节器，并测试和记录信号的相位方向与信号起始方向的相位角之差。分别绘制"信号相位角-相位调节器的读数""信号相移角-相位调节器的读数"和"信号幅度-相位调节器的读数"曲线，并以此评价仪器的相位调节性能。

九、检测系统工作稳定性的测试与评价

采用图 7-5 所示标准试样，使周向夹角为 120°的 3 个通孔缺陷在 1 h 之内每隔 15 min 平稳、匀速地通过检测线圈中心(仪器经过了规定的预热时间)，并将通孔缺陷响应信号幅度调整至仪器最大指示范围的 50%。测试和记录每个通孔各次通过检测线圈时响应信号的幅度，以 3 个孔每次通过时响应信号的幅度与平均值之间的最大差值作为评价检测系统工作稳定性的指标。

第三节 涡流电导仪的性能测试与评价

一、稳定性的测试与评价

电导仪按规定时间预热后，选择电导率值为 15 MS/m 左右的铝合金电导率标准试块作为测试标块，并选择电导率值分别低于和高于该值的并与该值最邻近的两个标准试块校准仪器。在 30 min 时间内每隔 5 min 测量一次标称值为 15 MS/m 左右的电导率标块，并记录各次测试值。以各次测试值与第一次测试值之差中的最大值作为评价电导仪工作稳定性的指标。

二、提离抑制性能的测试与评价

按照与测试电导仪稳定性相同的方法选择测试标块和校准仪器。分别在测试标块上覆盖有厚度为 0 μm(无非导电膜层)、25 μm、50 μm、75 μm、100 μm、200 μm、300 μm 和 500 μm 非导电薄膜条件下测量电导率的读数，并记录各次测试值。以各次测试值与零覆盖层条件下的测试值之差中不大于±0.2 MS/m 时覆盖层的最大厚度值作为评价电导仪提离抑制性能的指标。

三、测量准确度的测试与评价

同样，按照电导仪稳定性测试的相同方法选择测试标块和校准仪器。重复 3 次测量电导率值为 15 MS/m 左右铝合金电导率标准试块，并记录各次测试值。以 3 次测量值的平均值与标块标称值(上级检定机构的赋值)之差作为评价电导仪测量准确度的指标。以上测试

仪给出了仪器在校准标块量值所覆盖的电导率范围内测量准确度。如果需要对仪器整个测试范围(如1%IACS～100%IACS)的测试准确度进行测试和评价,应当按照上述方法选择其他电导率范围的标准试块校准仪器进行测试。

第四节　涡流测厚仪的性能测试与评价

对涡流测厚仪性能的关注主要是工作稳定性和测试准确度两项技术指标。目前还没有相关的标准给出涡流测厚仪性能测试方法和评价指标。如果要求或希望对所使用的涡流测厚仪上述两项性能进行测试,可参照电导仪的测试方法进行测试和评价。

思考题

1. 简述涡流检测仪性能测试包含的内容。
2. 简述涡流电导仪的性能测试与评价包含的内容。

第八章　涡流检测新技术、新知识、新工艺

第一节　涡流阵列检测技术

涡流阵列(Eddy Current Arrays)技术是近10年内出现的一项新的涡流检测技术，它是通过涡流检测线圈结构的特殊设计，并借助于计算化的涡流仪强大的分析、计算及处理功能，实现对材料和零件的快速、有效地检测。其主要优点表现为：① 检测线圈尺寸较大，扫查覆盖区域大，因此检测效率一般是常规涡流检测方法的10～100倍；② 一个完整的检测线圈由多个独立的线圈排列而成，对于不同方向的线性缺陷具有一致的检测灵敏度；③ 根据被检测零件的尺寸和型面进行探头外形设计，可直接与被检测零件形成良好的电磁耦合，不需要设计、制作复杂的机械扫查装置。

一、涡流阵列检测的方法原理

涡流阵列技术与传统的涡流检测技术相比，主要不同点在于前者的探头是由多个独立工作的线圈构成，这些线圈按照特殊的方式排布，且激励(又称发射)与检测(又称接收)线圈之间形成两种方向相互垂直的电磁场传递方式，如图8-1所示。线圈的这种排布方式，有利于发现取向不同的线形缺陷。

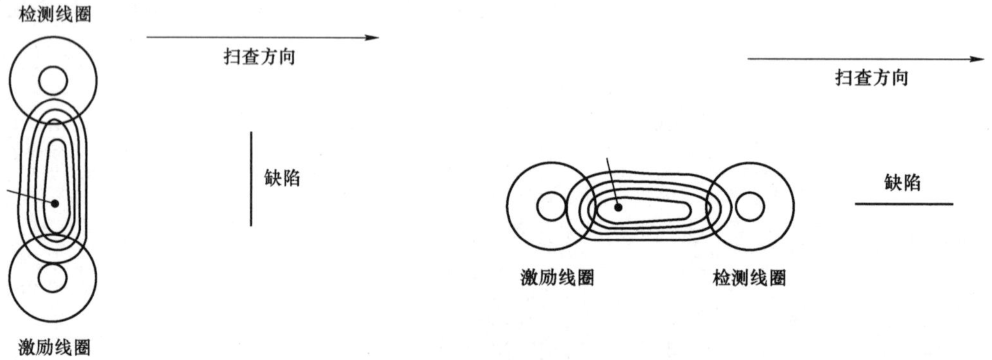

图8-1　涡流阵列探头中线圈的排布与电磁场的分布

为提高检测效率，涡流阵列探头中包含有几个或几十个线圈，不论是激励线圈，还是检测线圈，相互之间距离都非常近，保证各个激励线圈的激励磁场之间、检测线圈的感应磁场之间不相互干扰，是涡流阵列技术的关键。由于该技术为专利技术，尚未见文献公开介绍有关的干扰屏蔽技术。

图8-2是一种称为X-型的、采用内穿过方式进行管壁质量检测的涡流阵列探头。它由一个与管截面为同心圆的常规线圈和48个轴线方向为被检管材直径方向的阵列线圈组成。

如图8-2所示，阵列探头由环绕探头骨架轴线(即被检测管材的轴线)3组小的线圈构

成，每组线圈的数量均为 16 个。线圈从管材内部穿过时，是如何完成对管壁质量的检测呢？为便于叙述和理解，将这三组线圈分为 A 组（A_1，A_2，A_3，……，A_{16}）、B 组（B_1，B_2，B_3，……，B_{16}）、C 组（C_1，C_2，C_3，……，C_{16}），如图 8-3 所示。A 组线圈为检测线圈（即接收线圈），相对于 A 组线圈而言，C 组线圈为激励线圈，如图中，C_1线圈产生的磁场在管壁中激励产生涡流，该涡流的再生磁场被 A_1和 A_2线圈所感应接收；以这种方式电磁耦合形成的涡流适于发现管材轴线方向的缺陷。同样，C_2线圈作用于 A_2和 A_3线圈，C_3线圈作用于 A_3和 A_4线圈，以此类推，形成 32 个沿管材轴线方向的检测通道。

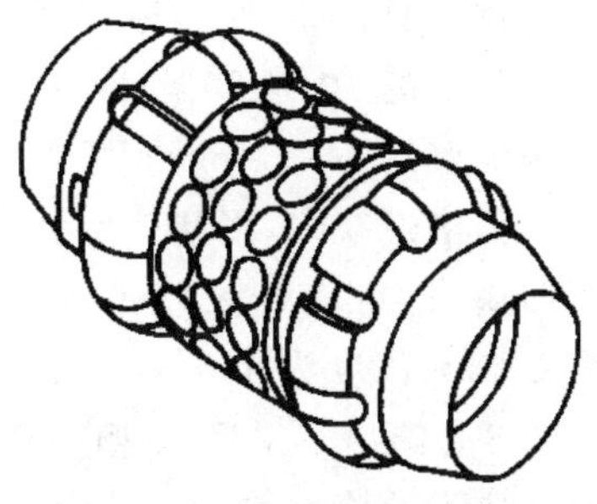

图 8-2　X-型阵列线圈的结构

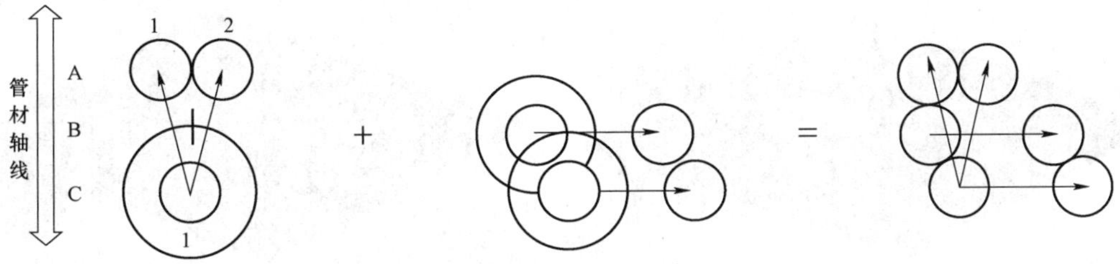

图 8-3　X-型阵列线圈的电磁耦合方式

B_1线圈作为激励线圈，在管壁中感应产生涡流，涡流的再生磁场被 B_3线圈接收；同样，B_2线圈产生的涡流场被 B_4线圈接收，C_1线圈产生的涡流场被 C_3线圈接收，C_2线圈产生的涡流场被 C_4线圈接收，以此类推，又形成了 32 个沿管材周向的检测通道。以这种方式电磁耦合形成的涡流适于发现管材周向的缺陷。

二、涡流阵列检测技术的优点及应用

如上一小节所介绍的，涡流阵列探头是由几个或几十个分立的检测线圈构成，由于激励与感应线圈是以两种相互垂直的方向传递和接收电磁场，因此首先克服了普通检测线圈对缺陷方向性敏感的缺点。图 8-4 是一根外壁上刻有不同深度、长短和方向缺陷的钢管对比试样展开的平面图。

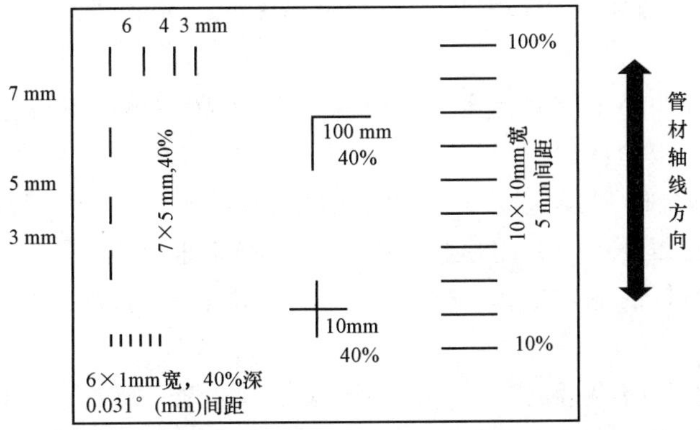

图 8-4　样管上人工槽形缺陷的位置及大小情况

管材的具体条件为：壁厚 1.2 mm；在管材外表面加工有 27 条缺陷，其中第一组缺陷为深度是壁厚的 10%、20%、……、100%、长 10 mm、间距 5 mm 的 10 条槽形缺陷，最浅槽形缺陷深度仅约为 0.1 mm（图中右侧的一组）；第二组缺陷为 2 个长为 10 mm、深度为壁厚 40%人工槽形缺陷，形状分别如图所示；第三组人工缺陷长度为 5 mm、深度为壁厚 40%人工槽形缺陷，共有 7 个，槽形缺陷的方向和间距有所不同；第四组人工缺陷包括 6 个长度分别为 1 mm、深度为 40%壁厚、间距为 0.8 mm 的短槽。所有槽形缺陷的宽度均为 0.1 mm。

图 8-5 给出了采用 X-型内穿过式阵列探头一次穿过钢管样管检测到外壁上不同方向和深度缺陷的检测结果。其中，图 8-5(a)为周向通道获得的扫查结果，即图 8-3 中 B、C 组线圈的检测结果；图 8-5(b)为轴向通道上由 C 组线圈激励、A 组线圈接收获得的扫查结果。两幅图中，除了第四组 6 个间距非常小的短小槽形缺陷不能单独分辨出来以外，其他 21 个缺陷均为可清晰地显示出来。由此可以建立起对涡流阵列技术检测能力的认识。

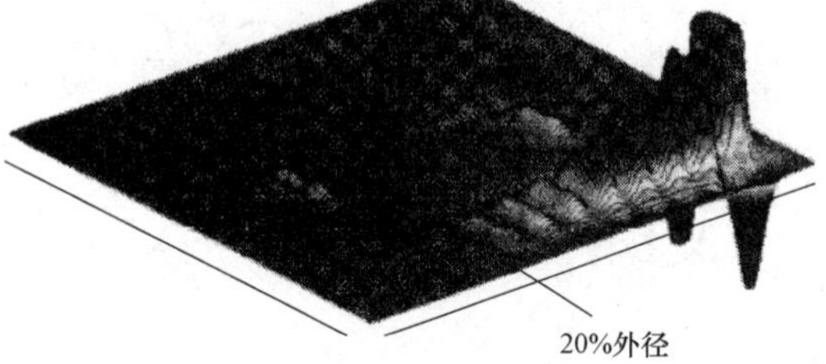

(a)

(b)

图 8-5　X-型内穿过式阵列探头对管材外壁上不同方向和深度缺陷的检测结果

(a)周向检测通道；(b)轴向检测通道

值得注意的是，图 8-5(a)和图 8-5(b)不是像超声和常规涡流检测经过反复扫查获得的 C 扫图像，而是检测线圈一次穿过管材时形成的扫查图，由此可见涡流阵列技术具有极高的检测效率。以图 8-2 所示的有 48 个线圈构成的涡流阵列探头，其检测效果相当于单个放置式线圈以 38 000 r/min 高速旋转的检测结果，是常规穿过式线圈检测速度的 10～100 倍。

涡流阵列检测技术除了具有检测灵敏度高、检测速度快的优点外，由于其探头尺寸较大，且外形可根据实际被检测对象的形面进行设计，因此还具有容易克服和消除提离效应影响的优势，不会像采用直探头或钩式探头检测时那样，由于探头把持不稳而容易形成提离干扰信号。

关于涡流阵列探头易于克服提离效应影响、具有极高检测效率的优点，还可以从下面两个应用实例得到进一步的认识。

图 8-6 是采用涡流阵列技术检测飞机轮毂的应用实例。可以看到，探头与轮毂接触的检测面被磨制成与轮毂外形一致的形状。探头可以稳定地放在上面，其内部的全部检测线圈与轮毂表面形成良好的电磁耦合，显然可以很好地消除提离效应的影响，并具有极高的检测效率。

焊缝的检测，对于涡流检测方法而言，主要技术难点之一就在于难以减小或消除由于焊缝形面差异和粗糙不平造成的严重提离干扰。将涡流阵列探头的检测区域加工成与焊缝外

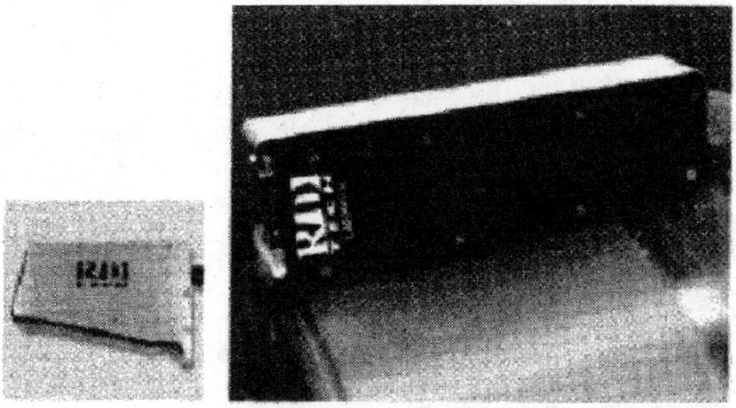

图 8-6　采用涡流阵列探头检测飞机轮毂

形基本一致的形面，如图 8-7 所示。探头的左右两侧与焊板母材相接触，这种设计不仅预防了粗糙焊缝表面对探头的磨损和保证了线圈的平稳扫查，而且由于探头检测区域不与焊缝表面接触，也就不会出现由于焊缝表面的不平整造成的严重干扰。

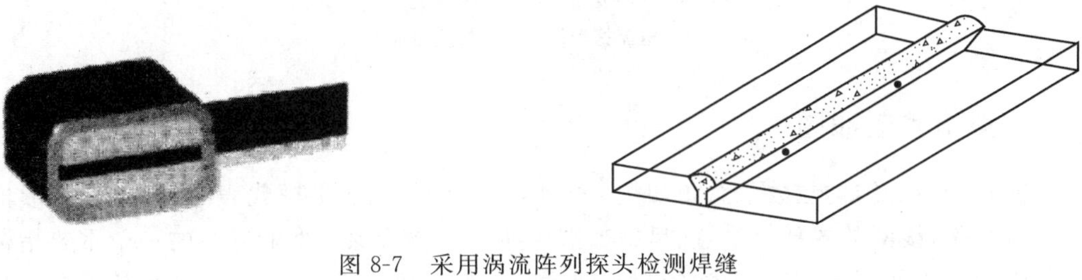

图 8-7　采用涡流阵列探头检测焊缝

第二节　电流扰动检测技术

电流扰动(Electric Current Perturbation，ECP)法是指在被检部件上产生一种电流流动(通常借助于一感应线圈)，并利用一独立的探测器测定电流流过缺陷时电流扰动引起的磁场。探测器一般对感应线圈的原磁场产生不敏感的方向取向，以减小对提离效应的灵敏度。"电流扰动"这一术语最早是由美国空军西南研究所的 G. L. Burkhardt、C. M. Teller 和 R. E. Beissner 等研究人员于 20 世纪 70 年代末提出，他们针对美国空军对飞机部件的检测要求，做了大量的相关研究工作，并在多种飞机部件的检测中得到应用。

一、电流扰动的方法原理

电流扰动系统中的线圈同其他涡流检测方法的线圈一样，包括激励线圈和检测线圈两个最基本的组成部分，但不同的是，电流扰动系统的激励线圈和检测线圈是分立的，且相互正交取向。如图 8-8(a)所示，为一电流扰动线圈示意图，图中激励线圈的法线垂直于 xy 平面，两个相互平行的感应线圈的法线平行于 xy 平面。一般激励线圈相对于感应线圈的尺寸足够大，这样导电试样内激励的涡流沿 y 轴方向可视为近似直线流动，如图 8-8(b)所示，磁力线亦可近似视为平行于 xz 平面。感应线圈取垂直于电流流动方向，因而穿过感应线圈的磁通最少，这表明，此时对提离变化的敏感度最小。如果有缺陷存在，会引起电流扰动而导致磁通变化，即使是很微弱的变化，感应线圈也能很灵敏地发现。当激励线圈与感应线圈的大小可比时，则激励线圈所产生的磁场的磁力线在穿过感应线圈时方向各异，如图 8-8(a)所示，这样势必会严重地影响检测由缺陷引起的电流微弱扰动而导致的磁通变化，且提离变化明显。

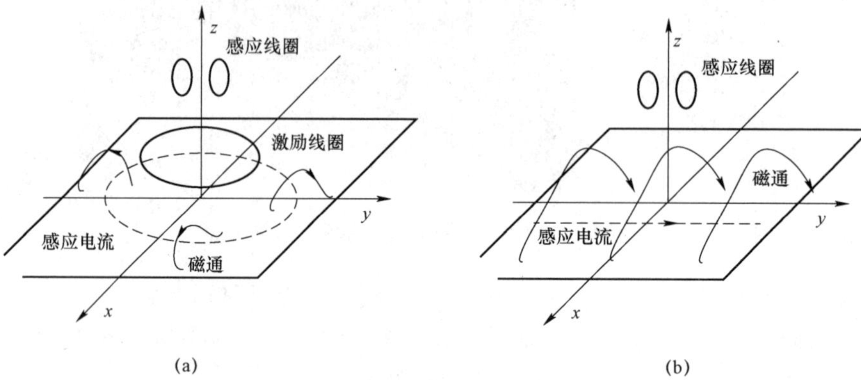

图 8-8 电流扰动方法示意图

(a)电流扰动线圈；(b)感应电流

二、电流扰动线圈

电流扰动探头结构参数示意图如图 8-9 所示，图中大的矩形框代表激励线圈，矩形框内部为感应线圈，线圈的各部分位置、尺寸如图中所示。评价探头性能好坏的一个重要指标是它的信噪比。为使不同结构、尺寸的探头间具有良好的可比性，在探头沿缺陷长度方向扫查的过程中，保持激励线圈、感应线圈的横截面积及激励场强不变。

图 8-10 给出了激励线圈相对于感应线圈不同位置对感应线圈响应信号的影响情况。从图中可以看到，感应线圈置于激励线圈外侧附近时可获得最佳响应信号。图 8-11、图 8-12 描述了探头不同结构参数情况下的感应线圈的电流扰动信号。图 8-11(a)表明，随着激励线圈尺寸的增大，信噪比不断提高；从图 8-11(b)中可以得到结论："饼形"线圈（即长厚比值较小）比长而薄的线圈具有很好的检测效果。图 8-12(a)中描述了保持感应线圈的长度不变，通过变化线圈绕制形状来改变线圈之间的距离；图 8-12(b)中描述了不改变线圈的形状，只变化线圈之间的距离，引起信噪比的变化。从这两个图中可以看到，随着线圈的挨近，信噪比不断提高。应当注意的是，该结论仅适用于小的表面缺陷，对于不同大小的缺陷以及缺陷所处位置不同（次表面缺陷、表面下深层缺陷）是不适用的。计算表明，对于上述情况，两线圈的间隔存在一最佳间隔。

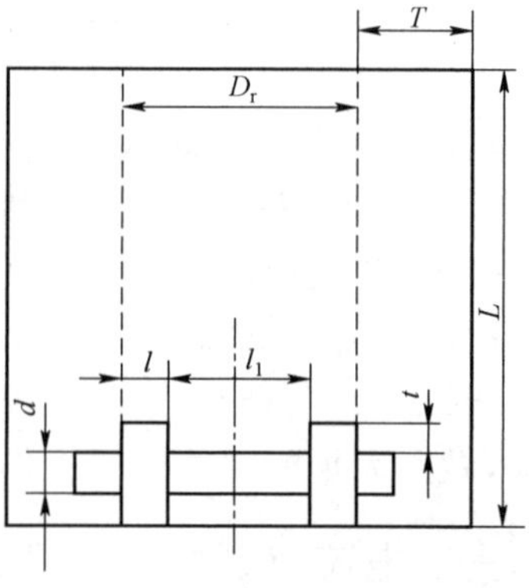

图 8-9 电流扰动探头参数

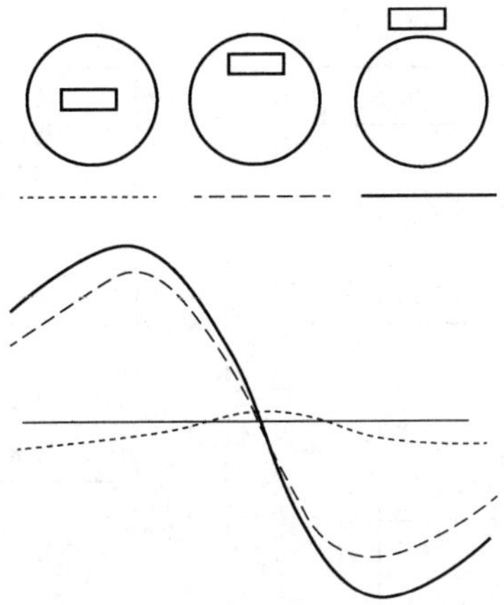

图 8-10　激励线圈与感应线圈相对位置与电流扰动信号的关系

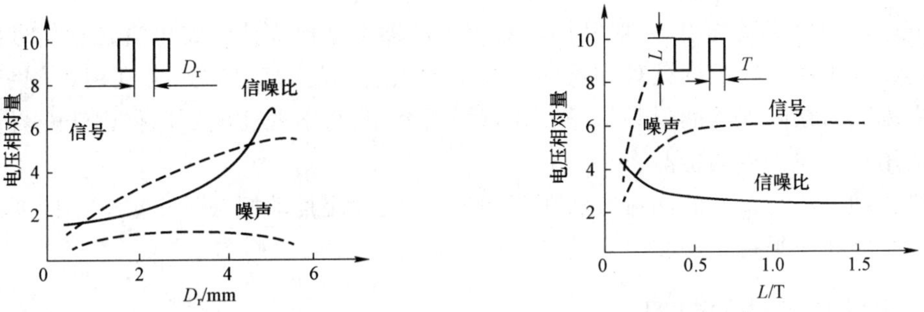

图 8-11　激励线圈尺寸对信噪比的影响

(a)线圈直径对信噪比的影响；(b)线圈长厚比对信噪比的影响

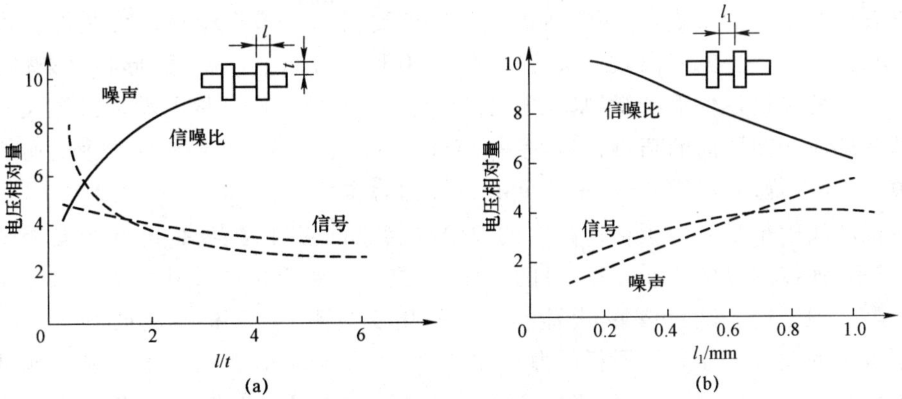

图 8-12　感应线圈间隙对信噪比的影响

(a)线圈绕制形状对信噪比的影响；(b)线圈距离变化对信噪比的影响

三、电流扰动设备

图 8-13 给出了电流扰动检测系统的框图，电流扰动检测设备一般主要由激励信号源、探头以及计算机组成。信号源在被检工件上产生扰动电流，探头检测扰动信号，计算机主要

用来处理和显示检测信号。

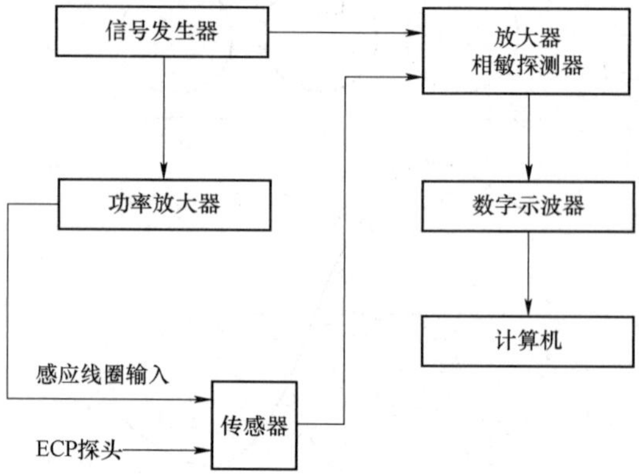

图 8-13 电流扰动仪器框图

在电流扰动检测系统中，一般利用一数字示波器根据探头位置将电流扰动信号数字化，并传送到计算机内进行数据处理和绘图。为了提供放大的缺陷信号，常利用一数字式高通滤波器来剔除与缺陷无关的低频信号。在这类研究中，数字式滤波器用得很普遍，模拟式滤波器只能用在金属构件的检测。

电流扰动方法与常规的涡流方法所不同的在于：电流扰动探头是一独立不同的感应器，该感应器是缠在一平行于检测表面的轴上。

四、电流扰动法的应用

电流扰动法具有以下优点：便于扫描检测；只需要对被检测装置的外表面检查，且对数据实时分析以确定缺陷的深度和大小。电流扰动对埋深裂纹和表面开口裂纹都很敏感。

对于表面极微小的缺陷，应用常规涡流方法需要很高的工作频率才可获得足够的灵敏度，但是随着频率的提高，提离效应会变得显著，不利于检测电导率低、形状复杂的钛合金、高温合金制成的飞机零件上的微缺陷。由于电流扰动系统激励线圈与感应线圈尺寸比例的新颖设计和感应线圈取向的巧妙设置，使提离效应对感应线圈接收到的磁通扰动信号的影响减至最小，并在扰动信号和微缺陷之间有良好的对应关系。

电流扰动法较早是应用于螺栓孔内的裂纹检测。试验研究表明，该方法能透过用螺钉(钛合金或钢)连接的厚度达 6.35 mm 的铝板，检测到下层铝板螺栓孔内的长 2.5 mm 圆弧形槽形缺陷。根据这一试验结果，电流扰动法被用于检测 C-5A 机翼翼展方向上的连接结构中下层板上的裂纹。如果上层板的厚度小于 3.81 mm，则对裂纹的检出能力就可达到实验室同等水平。电流扰动法还可透过 1.27 mm 厚的不锈钢塞孔套，周向扫查到飞机发动机涡流轮盘上螺栓孔内的 1.5 mm×0.7 mm 大小的径向裂纹。

对铝构件焊缝的检测试验表明，电流扰动法适用于可变级等离子弧焊(PAW)和惰性气体保护焊(TIG)两种焊缝的质量检测。可从变厚度铝板(3.56～5.84 mm)表面检测到背面 PAW 焊缝上 4.78 mm×0.36 mm 的电火花加工槽；从 6.4 mm 厚的铝板上检出 TIG 焊缝内 3.10 mm×1.6 mm 的电火花加工槽或 0.81 mm 深处 Φ1.6 mm 的平底孔。进一步的试验研究表明，该方法可能取代用于检测宇航构件中铝合金板焊缝的射线检测，如宇宙飞船外部携挂的燃料箱。除焊缝外，电流扰动法还可检测飞机铝合金构件上出现的腐蚀；对于磁性材料的检测也有探索和应用。

随着方法、理论、探头制作和试验探索的不断进展，电流扰动技术又应用于飞机上形状复杂零件的检测，如直升机头部螺旋桨叶和旋翼叶毂等部件，喷气式发动机一级叶片榫槽内和第二、三级防旋窗上的微小缺陷。用电流扰动法扫查螺纹构件的外径（凸起的尖峰部位），能够很灵敏地发现螺纹根部大小仅有 0.53 mm×0.64 mm×0.23 mm 的指甲形电火花加工的细槽；对于叶片槽内及防旋窗上的微小缺陷的检出能力可分别达 0.27 mm×0.15 mm 的狭缝、R=0.38 mm 的圆弧切槽。

第三节 磁光涡流检测技术

美国 PRI 仪器公司于 1990 年开发出一种新的涡流检测仪器——磁光涡流成像仪（Magneto-optical Eddy Current Imager，MOI）。

一、基本原理

法拉第（Faraday）磁光效应是指：具有一定偏振面的光沿磁场方向传播，通过放置在磁场中的物质时，偏振光的偏振面会发生旋转，如图 8-14 所示，图中旋转角θ_f与物质长度 L、磁感应强度 B 之间的关系是

$$\theta_f = VLB$$

式中：V——与物质性质、光的频率有关的常数，称为费尔德常数。

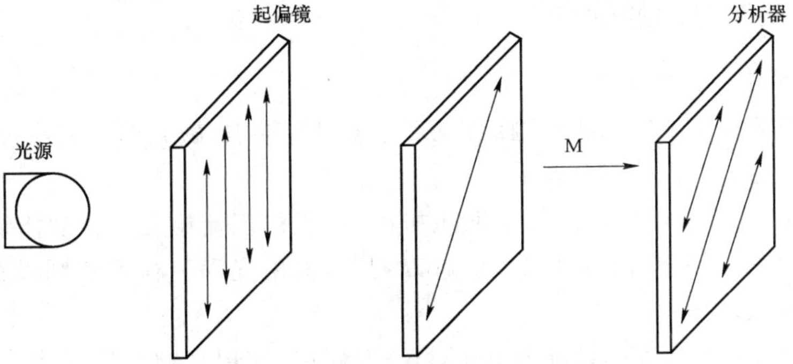

图 8-14 法拉第磁光效应示意图

磁光涡流检测技术就是根据法拉第磁光效应和电磁感应定律而提出的一种新的电磁涡流检测技术。磁光涡流成像仪用涂覆铋的石榴石铁氧体材料薄片组成磁光效应传感器，利用放置在片上的线圈产生交变磁场，而被检测表面区涡流及其产生感生磁场的变化则以不同的偏转角反射的磁光信号来给出，此信号可由电荷耦合器件（CCD）检测器接受。经分析显示在检测器上。图 8-15 为成像扫查头的结构。

磁光涡流技术需要用在平行于试件表面的近表面层中的涡流感生磁场，且需要这电流不是圆环形而是层流状的，这与普通涡流检测技术不同。图 8-16 为铆钉上磁光涡流的成像。

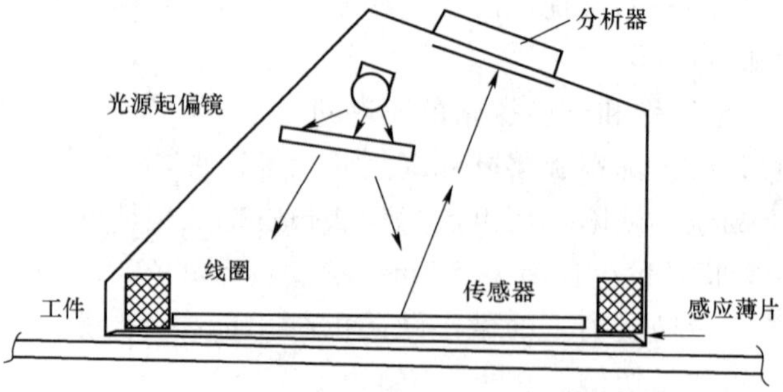

图 8-15 涡流成像仪成像扫查头结构

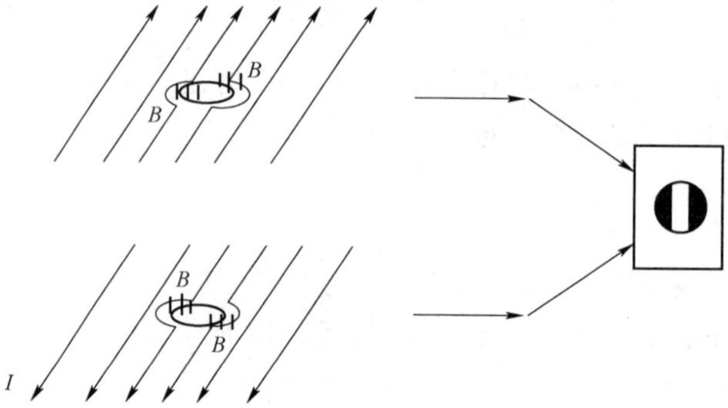

图 8-16 铆钉上磁光涡流的成像

二、磁光涡流检测的优点

磁光涡流具有以下优点：

(1) 可克服常规涡流检测法检测面积小、速度慢等缺点，磁光涡流成像技术能快速覆盖被检区域，并且实时成像、直接输出；

(2) 由于提离效应，在检测诸如老旧飞机时，常规的涡流检测方法要求除去油漆，否则油漆厚度或表面不平将会引起图像失真，难以判断，而磁光涡流检测法则没有这个问题，并且对大小裂纹都很敏感；

(3) 可在较宽的频率范围(1.6～100 kHz)内使用，使用高频时能成像和检测诸如靠近飞机铝包层下铆钉附近的小的疲劳裂纹，使用低频时能成像和检测深层裂纹和腐蚀，采用低照度彩色摄像系统图像质量很高；

(4) 磁光涡流成像仪使用方便简单。

三、应用示例

(1) 图 8-17 为孔边电火花切槽(模拟裂纹)的磁光涡流成像。在 1.5 mm 厚铝面板上有四个直径为 6.35 mm 的孔，孔边的电火花切槽从左上角开始沿反时针方向，长度分别为 0.5 mm、1.0 mm、1.5 mm 和 2.0 mm。图中的切槽图像乃是围绕实际切槽的垂直磁场的图像，其中包含近乎等于一个涡流趋肤深度宽度的“晕”区。从观察到的缺陷长度减去趋肤深度可估计实际缺陷长度。显然，当缺陷的实际长度等于或小于趋肤深度时，此方法将失灵。随着仪器调整的改变，对此，可采用一已知尺寸的孔的图像作为参考。

(2) 图 8-18 是一长裂纹的图像。长裂纹不可能产生连续的图像，应为传感器所生成的围绕裂纹磁场的图像，而围绕裂纹流动的电流是不均匀的，这使所成图像也是不均匀的。对于长裂纹，典型的是图像的中间部分较之两端要弱些，因为靠近中间电流流动近乎均匀，这种类型裂纹的两端十分明显，易于检测。注意这种裂纹的曲折性及在图像中这种特性的再现。

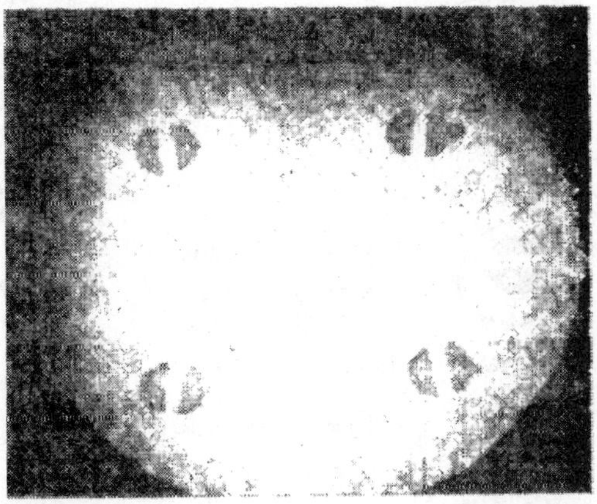

图 8-17　孔边电火花切槽的磁光涡流成像，槽长从左上角开始沿反时针方向分别为 0.5 mm、1.0 mm、1.5 mm 和 2.0 mm

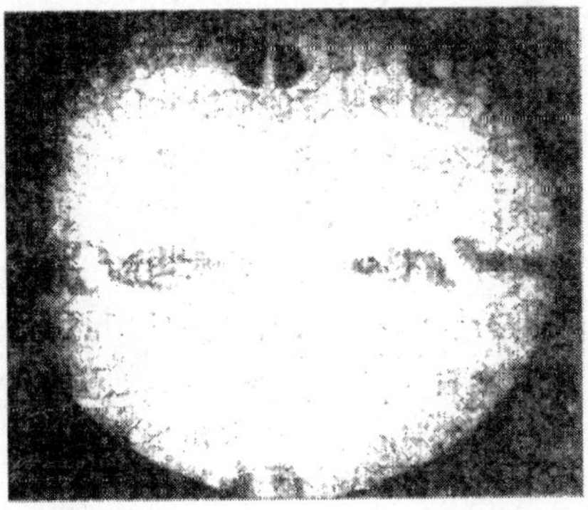

(a)

(b)

图 8-18　长裂纹的磁光涡流图像

(a)长裂纹的图像；(b)铆接的铝搭接试样，在疲劳试验机上形成疲劳开裂

(3) 老旧飞机腐蚀状况的检测，可监测深度在 0.4～3.0 mm。图 8-19 为磁光涡流的显示示例。

(4) 第二层的开裂和腐蚀。不靠近表面的(第二层)缺陷，只要涡流的趋肤深度至少与缺陷埋深一样大，是可以检测的，这可通过选用较低的工作频率来达到。可以注意到，这些较深处缺陷的图像较之表面裂纹要弥散些，清晰度要差些。通过在整个工作频率范围改变激励频率，知道了在受检材料中相应的标准透入深度，腐蚀或缺陷深度时可以得到。例如，如果第二层的裂纹在 12.8 kHz 时可观察到，而在 25.6 kHz 时观察不到，则其埋深将是比 25.6 kHz 时的趋肤深度要大些，并等于或稍小于 12.8 kHz 时的趋肤深度。总之，腐蚀区的深度也是可以评估的，比较困难的是缺陷，如腐蚀的量化问题。

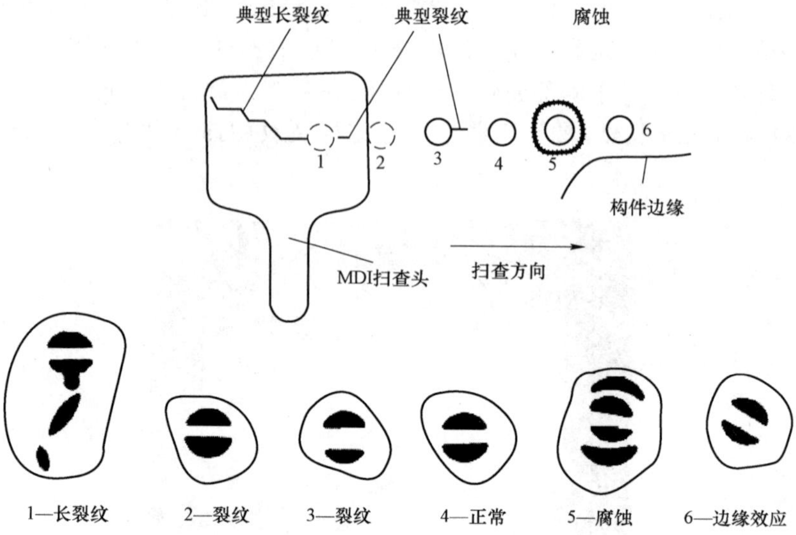

图 8-19 不同缺陷的磁光涡流显示

思考题

1. 简述涡流阵列检测的方法原理。
2. 简述电流扰动的方法原理。
3. 简述磁光涡流检测基本原理。

第九章　核设备涡流检测常用标准

第一节　RCC-M 标准(2000 版)

一、涡流检测名词术语

本底噪声　Background noise

产生本底噪声信号的因素如下:非缺陷相关的管件的冶金或尺寸偏差;检测参数的偏差,如探头相对于管子的速度或位置。

差动式　Differential mode

能够比较被检测管件两个邻近区域的测量电桥装置。

涡流　Eddy current

放置于交流电磁场内的导体产生的感应电流。

磁饱和　Magnetic saturation

当铁磁性管件磁导率趋于一致时,受磁场作用的铁磁性管件的状态。磁导率等于感生磁通密度与感应磁场强度之比。

测量电桥　Measurement bridge

与交变电流发生器相接的电路,用以比较未知阻抗与已知阻抗。

渗透深度　Penetration(depth)

当涡流密度降低到其表面值的 0.37 倍时,从与探头接触的管材表面测得的深度。

鉴相器　Phase discriminator

从测量电桥已知相位值相对于基准交变信号相位值比较中测定信号不平衡幅度的装置。

二、管件涡流检测

1. 适用范围

本章规定了在 RCC-M 第Ⅱ卷中的规定的,对外径＜65 mm、0.75 mm≤壁厚＜3 mm 的管件进行涡流检测要遵照的一般要求。

2. 一般要求

(1) 检测人员资格

涡流检测应由按 MC8000 规定取得资格证书的人员实施。

(2) 涡流检测文件

管件涡流检测,应按照经适当认可的一系列文件(规程、工艺卡和作业指导书)的规定实施;这些文件应满足 RCC-M 有关章节的要求,并至少应包括以下内容:

1）被检测工件类型、尺寸及所用材料型号；

2）参考的 RCC-M 的相关章节和其他适用的文件；

3）检测设备：涡流检测仪器；检测线圈；自动检测装置；记录仪器；标定管等。

4）检测条件：被检测区和表面状态；

5）检测规程：感应电流频率；鉴相器的相位设置；

6）验收准则。

3. 涡流检测设备

（1）涡流检测仪器

涡流检测仪器应能在检测线圈（内穿过式线圈或外通过式线圈）中产生正弦电流，频率范围至少为 1～100 kHz。

测量电桥应按差动模式工作。仪器应配有灵敏度控制器和可在 0°～360°调整相位的鉴相器。

检测仪器应能连接记录装置（纸带或磁带），还可配备一个磁饱和系统。

（2）检测线圈

检测线圈（在管件内部检测时，用内穿过式线圈，在管件外部检测时，用外通过式线圈）应配有一个或多个差动线圈。

（3）自动检测装置

自动检测装置应能允许检测线圈与被检管件作恒速（＋10％）相对运动。装置应带有自动分选系统和（或）记录装置。使用记录装置时，应在任何时刻都应能使记录的显示信号与它在管件上的位置相对应。

（4）标定管

标定管的直径、标称壁厚、冶金和表面状态应与被检测件相同。标定管缺陷应由径向的圆柱形孔构成。一般情况下，这些孔的数量、位置和尺寸按 1）中规定，而不锈钢或高镍合金蒸汽发生器管，则按 2）中规定。这些孔的直径和深度允许偏差应为±5％。孔的形状和尺寸可通过合适的方法（如作复制样品）进行校准。

1）用于检测一般管件的标定管

标定管上有 3 个沿径向钻透一侧管壁的孔，它们分别位于相隔 120°的 3 个纵向平面上。两相邻孔间距或一孔到管任一端的最小距离为 300 mm。

通孔最大直径根据管的厚度而变化，见表 9-1。

表 9-1　标定管孔的最大直径

壁厚/mm	钻孔直径/mm
$0.75 \leqslant e < 1$	0.8
$1 \leqslant e < 2$	1
$2 \leqslant e < 3$	1.2

2）检测不锈钢或高镍合金蒸汽发生器管用的标定管

标定管应有 1 个从外表面起钻的平底单孔，该孔距管端至少为 300 mm，且其直径等于其深度。平底孔最大直径根据管的厚度而变化，见表 9-2。

表 9-2　标定管孔的最大直径

壁厚/mm	钻孔直径/mm
$0.75 \leqslant e < 1$	0.6
$1 \leqslant e < 1.5$	0.75

3）热交换器管(蒸汽发生器除外)的标定管

标定管上有 3 个钻透一侧管壁的孔，各孔在相隔 120°角的三个轴线上，且各相邻孔的间距及孔到管端的最小距离为 300 mm。

孔的最大直径随管壁厚度而变化，见表 9-3。

表 9-3　标定管孔的最大直径

管壁厚度/mm	管的标称直径/mm	钻孔直径/mm
$0.75 \leqslant e < 1$	$\phi \leqslant 20$	0.6
	$\phi > 20$	0.7
$e \geqslant 1$	$\phi \leqslant 20$	0.7
	$\phi > 20$	0.8

4. 检测条件

(1) 检测时机

管件在加工过程中哪个阶段进行涡流检测，按 RCC-M 第Ⅱ卷的规定。

(2) 检测区域

检测区域及检测范围按 RCC-M 第Ⅱ卷的规定。在使用自动检测装置时，应表示出不能按照本章规定进行检测的管件两端材料长度。

(3) 表面准备

管件表面必须无涂层，无疏松氧化皮，没有其他任何干扰涡流环流或影响检测线圈与管件相对运动的表面沉积物或表面不规则状态。

最大粗糙度 Ra 为 6.3 μm，并应符合 MC7200 的要求。在第Ⅱ卷采购技术规范中，对某些应用场合可要求更低的粗糙度。

(4) 检测仪器的调整

检测频率应按使涡流的渗透深度至少等于管件的厚度来选取。相位鉴别的选择，应以得到最佳的信噪比为准。应使用具有最低幅值信号的对比孔调整灵敏度。管件制品的标定状况和实际检测状况应相同。

(5) 仪器设置的校核

在每班的开始和结束及至少每 2 小时都要对仪器的灵敏度设置校核一次。如果幅度漂移不大于±10%，则认为设置是合格的。在校核过程中，如果发现设置不稳定，则自上一次校核后所检测的所有管件，应在仪器重新校准合格后重新检测。

5. 检测报告

检测报告应包括下列内容：a）制造商、订货单和设备的标识号；b）被检测管件的标识，包括牌号、尺寸和制造工艺；c）所用检测文件的名称；d）检测时机；e）所用检测设备的类型、商标及名称；f）仪器标定和设置条件；g）管件两端不作检测的材料长度；h）检测结果评定;i) 检测人员的姓名和资格;j) 承担检测任务的分包商的名称(若有);k) 检测日期和检测人员签字。

为了避免重复,上述的一些内容,已在经适当认可的制造商的文件中给出,可将其附在检测报告中。

第二节 RSE-M 标准(1997 版)

一、涡流检测技术

1. 蒸汽发生器传热管(B4600)

(1) 适用范围

本部分适用于从管内部实施的管壁外径在 16～24 mm、壁厚在 0.9～2 mm 的非铁磁性 Ni-Cr-Fe 合金蒸汽发生器传热管内部的检测。

通常检测范围为整个传热管长度包括弯管段和管板内部的胀管段。特殊情况下的检测可能仅限于传热管一侧直管段。

在役检查期间,检测应按照在役检查大纲 A3000 或 B3000 进行。

(2) 检测条件

检测应在排空反应堆冷却剂,并干燥传热管的条件下进行。传热管温度应低于 50 ℃。探头通过一个自动机械装置在水室封头的一侧插入管中,并从一根传热管移至另一根传热管。役前检查中可通过手动装置进行定位,在役检查中由于放射性原因设备安装人员只能在管的一端尽量利用较少的时间安装设备。

(3) 检测范围

检测应包括下列内容:

1) 检测及评价管子在直径方向的超过 100 μm 的变形;

2) 检测及评价可能因壁厚减薄或裂纹引起的,危及管子密封性和/或快速断裂安全裕量的任何缺陷,上述危害可能是由局部减薄或裂纹引起的。

应能够检测出伤深为 20%壁厚、体积为 1 mm^3 的体积性缺陷(如磨损、点蚀等),并能评价缺陷深度,例如通过与带同类人工缺陷试样所得的试验。

另外,检测应能够识别以下单独的裂纹缺陷:

1) 内壁纵向裂纹,长度至少 5 mm 伤深 90%壁厚的缺陷;

2) 外壁纵向裂纹,长度至少 10 mm 伤深 50%壁厚的缺陷;

3) 内壁或外壁周向裂纹,在周向角度至少 50°伤深 50%壁厚的缺陷;

4) 能识别区分被检管正常结构信号(如管板、支承板、分流板和防震条等)。

(4) 检测规程

1) 检测设备

检测设备应能够降低环境的影响(如表面不平整,支承结构等)以满足 B4610.3 的要求。多频率多通道涡流检测技术能够满足这种要求。

2) 标定

检测设备需通过与被检件具有相同特性刻有不同形状不同深度的人工缺陷(孔、槽等)

的标定管进行标定。除特殊情况外，应确认这些机加工缺陷的深度不超过 20 μm。标定曲线通过这些传热管所得数据绘制完成。

带有一些上述缺陷的标定管应与每根蒸汽发生器传热管同时被检测，以保证检测的可重复性。

3）记录

仪器产生的所有信号均应被记录在合适的经营运单位认可的介质中，以便数据的归档及可能的进一步处理。

4）信号处理

所有超出检测规程规定的记录阈值的信号显示均应被记录和确定：几何形状变化引起的信号和磁性信号；体积缺陷应记录并予以评定，估计其在管壁厚度方向上延伸长度（深度）；所有相当于裂纹的信号均应被记录并予以评定，确定其方位和估计长度。某些显示可能需要用不同于本规范附录 4 .4 第 II 章（1. 2）描述的基本方法的检测技术进行进一步的确认。

（5）检测方法

RSE-M 标准（1997 版）的附录 4. 4 第Ⅱ章 1 和 2 节描述了完全或部分满足这些要求的方法。

（6）相关文件

检测应按照规定了每一种信号记录阀值的检测程序进行。

2. 反应堆压力容器主螺栓和主螺母检测（B4230）

（1）检测范围

本节描述了反应堆压力容器封头高强度合金钢主螺栓及螺母的检测。检测范围为螺栓的螺纹区和光杆区。螺母的检测仅仅覆盖螺纹区的比较小的厚度范围。完整在役检查期间，应检测全套螺栓及螺母，并在之后的完整在役检查之间轮换检查。

（2）检测条件

应将螺栓从反应堆压力容器法兰上拆除，并将所有干燥的装配润滑剂擦拭干净。螺母用同样的方法清洁。

（3）检测目的

检测的目的是探测螺纹上重大的金属缺损（通过腐蚀、撕裂等）以及螺栓螺母的螺纹根部附近金属的任何裂纹扩展。对于螺栓，外表面光杆区及螺纹区的任何裂纹都需被检测到。

（4）检测步骤

1）检测设备

螺栓螺母的螺纹检测采用涡流探头对螺纹区的外表面进行周向扫差。另外，螺栓还应采用超声方法进行检测。

2）标定

螺栓螺母的检测设备需采用螺纹区及光杆区的 0.5～2 mm 深度的刻槽进行标定。

3）记录

结果信号应被记录在适当的介质中（带状图），以备存档。

4）显示处理

大于 0.5 mm 深沟槽的信号显示应予记录。若发现显著的显示信号，螺栓螺母需再通过目视或表面方法进行检测。

(5) 检测方法

1) 螺栓的涡流检测

对螺纹区进行涡流检测。检测频率为 300 kHz。螺栓拆卸后进行检测，检测时将螺栓竖直并使之围绕其轴线旋转。通过螺栓螺纹同螺距的螺纹卡抓传送涡流探头从螺栓外表面进行涡流检测。标定螺栓需采用新螺栓，其刻槽位于外表面的螺纹和光杆区，垂直于螺栓轴线，深度为 0.5～2 mm。

2) 螺母的涡流检测

螺纹区需采用涡流方法检测，螺母应拆卸下来检测，围绕其轴线转动，涡流探头用与螺母同螺距的螺纹卡抓夹持，频率为 300 kHz。标定采用新的螺母，刻槽平行于螺纹，位于螺纹根部，深度为 0.5～2 mm。

3) 信号处理

螺栓螺母的显示信号应以图表的形式表示，任何大于或等于人工标定缺陷 0.5 mm 深的显示信号应予以记录。如存在超过记录阀值的信号，螺栓及螺母均应附加目视或液体渗透检测。

4) 所有的记录显示需附在检测报告中。

二、蒸汽发生器传热管涡流检测

1. Bobbin 探头检测技术

(1) 适用范围

本部分规定了利用内穿过式轴对称涡流探头对蒸汽发生器传热管进行涡流检测的要求，适用于管壁厚度为 0.9～2.0 mm，外径为 16.0～24.0 mm 的无缝 Ni-Cr-Fe 合金管。

(2) 检测技术

采用多频率多模式检测技术。采用轴向差动式探头。复合交流电压被连续接入安装在测量电桥相邻分支上的 2 个探头线圈。连续记录测量电桥平衡后的输出电压。在检测区域出现的每个不连续缺陷会感应产生一个不平衡信号。

(3) 检测设备

1) 数据采集：

a) 检测频率：检测频率由被检管的材料和尺寸决定；通常至少采用三种检测频率，其差分模式可以用来进行混频及获取缺陷的相位差，由于本底噪声和支承板等因素会导致信号幅值的减小；而且，低频的绝对模式可以用来识别被检管的结构形状变化和长的缺陷。

b) 记录系统：记录系统应对所有信号以数字模式进行记录。

c) 探头：探头线圈的外径取决于被检传热管的尺寸；应使用轴对称的差分式探头。必要时，可在探头上增加永久磁铁或在线圈上通直流电源，用以消除磁性不均匀信号。

d) 推拔器：推拔器将检测探头自动或手动送入被检测管子。

2) 信号处理：信号的处理由计算机自动执行。根据每个被检区域的具体要求，被检管信号可以直接打印出来。

3) 信号分析：信号的分析可以首先进行自动分析，其分析结果可以以图形的形式表示。分析人员需对自动分析结果进行确认，必要时进行修改并完成分析。

（4）设备标定

1）标定管：

数据采集的标定和采集系统稳定性的校验需通过借助刻有人工缺陷的标定管进行，其缺陷设计如下：

a）4 个通孔：直径 1 mm，在同一横截面两相邻孔之间的夹角为 90°，称为“4Φ1”；

b）被认为是校验设备所必需的任何其他类型缺陷；

c）标定管还带有一个模拟支承板。

“4Φ1”缺陷之间、其他特征结构及不连续性缺陷之间的距离必须足以能够清晰分辨其信号；标定管应与被检测管具有相同的冶金和几何特性（制造模型）；探头通过每根被检蒸汽发生器传热管时要通过标定管。每根被检传热管的涡流信号都由计算机处理，以便检查采集数据的质量和稳定性。

2）采集系统的标定：

a）参数设定：频率、激励电压。

b）可变参数：每台采集设备每个频率的增益可根据经验确定，要满足“分析系统的标定”的要求同时避免信号饱和。

c）定期校核：在每次检测开始和结束时以及设备（设备、电缆、探头等）更换后都要进行标定；每 6 个月对无损检测设备进行维护并检定，参数放大器的线性度和设备的频率响应精度在 3%以内。

3）分析系统的标定：

各种频率联合标定的方法应在说明书中进行规定，对“4Φ1”参考缺陷在差分通道进行相位和幅值标定；对标定管轴向长度至少 20 mm，深度 30%的外壁 360°环槽在绝对通道进行相位和幅值的标定，参数为幅值 A 和相位 φ。

在差分通道，对连接信号两个峰值点的直线进行幅值和相位测量，如图 9-1 所示。

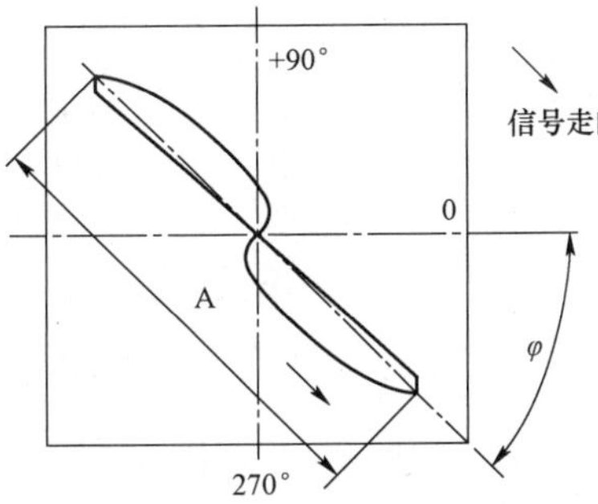

图 9-1　差分通道信号

在绝对通道，对平衡点（在缺陷区域外）和信号峰值点的连线上进行幅值和相位测量。

（5）信号分析

1）记录阈值：

记录阈值的选择应使下列缺陷或显示能够被识别：

a）机械胀的重叠区；b）自由段或弯管区的碰伤；c）支承板处的变形和凹痕；d）尺寸变化；e）胀管的不均匀性；f）体积性缺陷（点蚀、磨损等）；g）直管部分、U 形弯管和支撑板位置处的腐蚀缺陷；h）轴向裂纹；i）传热管外壁导电或磁性沉积物。

2）信号分析：

信号分析的目的是探测和识别显示信号；识别胀管的不均匀性；体积性缺陷的定量；识别每根传热管的正常结构及局部外来物沉积。

分析方法应使用不同频率和适当的频率组合对每类缺陷进行分析。可使用自动分析技术，但分析人员应对自动分析后的显示进行确认，必要时可人为对自动分析结果进行修改。

对体积性缺陷，可使用“相位-伤深”曲线，或任何其他实验室试验或经验反馈建立的曲线进行缺陷深度评估。对其他显示，应通过与典型显示信号的比较来对其定性。

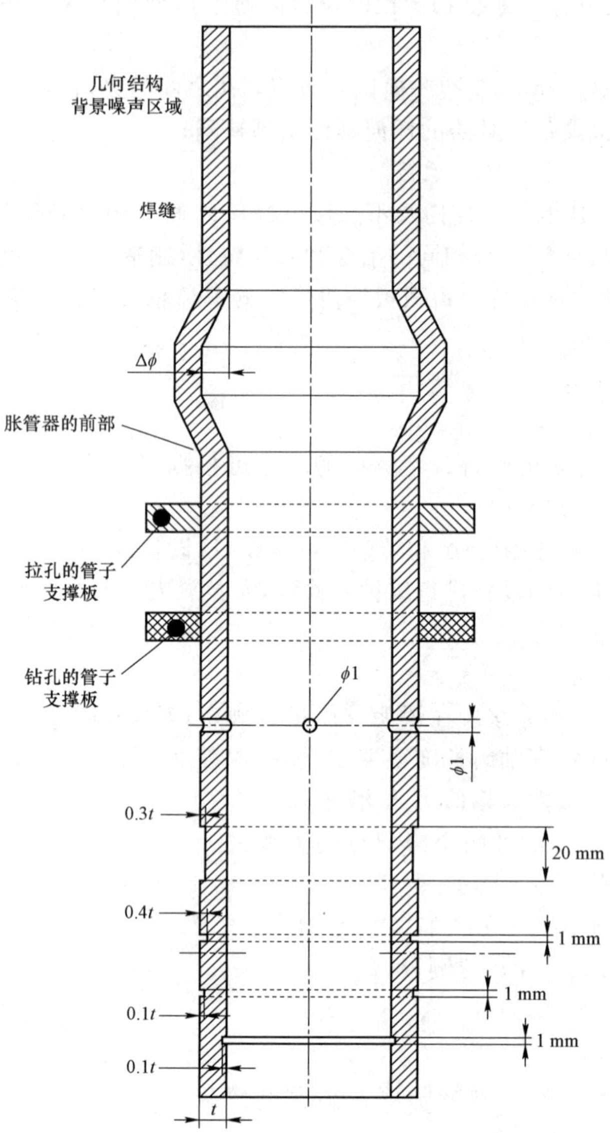

图 9-2　标定管示意图

2. 旋转探头检测技术

(1) 适用范围

本部分阐述了旋转探头对蒸汽发生器传热管进行涡流检测的要求，作为涡流检测的一种补充检测方法适用于对其他检测方法（Bobbin 探头检测，泄漏检测等）检测的传热管缺陷进行复查定性，或对传热管的任何特殊区域采用旋转探头进行涡流检测。

(2) 检测技术

旋转探头由连接在电桥分支上的一个或多个线圈组成，对线圈通以交流电，至少采用三个频率。随探头在被检管中螺旋前进，通过缺陷时电桥失去平衡，使电压发生变化，从而实现对缺陷的定位。

(3) 检测设备

采集系统与 Bobbin 探头采集系统相似，具有下列特点：

1) 频率：能够检测到管内壁或外壁的缺陷；能识别管子支承板的下部和上部边缘，实现支承板位置处的检测；能识别管板二次侧信号及被检管内部轮廓，胀管（或液压胀）过渡区的检测。

2) 探头：一个或两个线圈成放射状安装于探头，当配有两个线圈时，探头应能同时在差分模式和绝对模式下工作。

3) 机械装置：它将为探头的旋转（仅用于胀管过渡区）和平移产生一个原点，参考蒸汽发生器说明，它能保证探头对中，形成一个螺旋状路径，具有合适的螺距，满足检测和评价的需要，对于在线圈和管子的内壁之间有间隙的探头，能尽可能保证该间隙在非胀管区为常数（例如胀管区的外部）。

4) 信号处理：数据的采集、储存及数据采用适当的算法处理以及被检测到的显示的分析判断都由计算机系统完成；检测区域有代表性的相关显示信号可被打印出来；检测质量能够在数据采集期间通过软件进行实时校核。

5) 信号分析：信号应在第一时间进行自动分析，分析结果通过图形的形式表示。分析人员应确认并完成自动分析结果或在必要时可以手动修改分析结果。

(4) 检测设备标定

1) 标定管

标定管包含两轴向槽，宽度 0.2 mm，一个为通槽，另一个为深度大于或等于 40%壁厚的外壁槽。该槽的实际深度按检测程序执行，该槽用来确认检测质量。槽的长度要大于探头线圈的尺寸。标定管材料及参考管材料要能充分代表检测管。

2) 采集设备标定

预设参数：频率和激励电压。

可调参数：每个频率增益的设置在经验的基础上取决于检测设备，在满足标定和分析要求并保证不会出现信号饱和的前提下可自由设定。

定期校核：标定的校核在每次工作开始、结束及设备（线缆、探头等）更换时进行。至少每 6 个月对检测设备进行保养和维护，在此期间对以下参数进行检查：检测频率数值的精度（3 %以内）、放大器的线性和设备的频率响应。

3) 处理和分析设备的标定

每个频率的相位和幅值的标定都基于通槽，需要标定测量的参数为幅值（A）和相位（φ）。对于差分模式，测量信号两峰值点连线，如图 9-1 所示；对于绝对模式，测量平衡点和信号峰值点之间连线。

(5) 信号分析

记录阈值的选取应能够分辨如下缺陷：1)轴向裂纹：起始于管内壁或外壁；2)周向裂纹：起始于管内壁或外壁；3)靠近支承板的变形和凹痕；4)支承板处的腐蚀；5)管壁磨损引起的体积缺陷。

信号分析目的是对缺陷显示进行识别和定位以及对裂纹长度的测量。检测应采用针对不同缺陷或不同区域的合适的频率。降质管的任何特定的显示信号及其取向(轴向或周向)要充分考虑其特性,该特性应在检测程序中进行规定。显示信号为缺陷,则确认为降质管(裂纹、磨损等)。其记录要求如下:

1) 磨损缺陷:轴向位置,如相对于管板上部边缘位置。

2) 胀管过渡区轴向裂纹缺陷:裂纹长度;裂纹的起始位置和结束位置;距管板上部边缘的轴向距离。

3) 胀管过渡区附近周向裂纹:扩展角度;距管板上部边缘的轴向距离。

4) 其他区域裂纹:裂纹取向(轴向或周向);轴向长度或扩展角度;位置,相对参照支承板边缘的参考点位置。

只要可能,应注明缺陷的起点是传热管的内侧还是外侧。

其余显示(撞击、变形、磁性区域等)应参考根据经验反馈建立的一系列信号种类进行评判。

第三节 ASME 规范(2004 版)

美国机械工程师学会(ASME)颁发的《锅炉及压力容器规范》(简称“ASME”规范),是目前世界上公认的范围最为广泛,内容最为详尽的一部关于锅炉及压力容器规范,也是国内核工业主要参照的标准之一。在 ASME 规范中,涉及涡流检测的主要是第Ⅴ卷 A 分卷第 8 章“管材制品的涡流检测”及 B 分卷第 26 章“涡流检测标准”,其中 A 分卷第 8 章叙述了 ASME 规范其他各卷提到需要采用的涡流检测方法,但不包括验收标准;该部分包括正文及 5 个强制性附录,不仅对管材制品涡流检测的方法进行了明确规定,同时还在强制性附录中对涂层铁素体材料的涡流检测和非磁性金属材料上非导体、非磁性涂层的厚度测量进行了规定。B 分卷为被 ASME 规范所采纳的 ASTM(美国材料和试验学会)涡流检测标准,为非强制性标准,但当 A 分卷中的某一章或规范的其他卷中明确规定或引用 B 分卷中某一标准时,该标准为强制性要求。除第Ⅴ卷外,在 ASME 第Ⅲ卷及第Ⅺ卷中也有相关涡流检测的内容。

一、ASME(2004)Ⅴ卷第八章管材制品的涡流检测

ASME 第Ⅴ卷第 8 章“管材制品的涡流检测”主要描述了管材制品的一般涡流检测的总体要求,适用于无缝铜、铜合金和其他非铁磁性管材制品。

在总则中提出了对检测时机、人员、程序的总体要求。对于检测时机,是在“精加工尺寸、最终退火或热处理后或在精加工尺寸下,最终退火或热处理前”进行涡流检测;对于人员要求是经过鉴定而有资格的人员;对于程序要求则着重规定了检测中的一些要素,对于任何要素的变更需要书面修正或补遗,而对于规定的基本要素的变更则需要作重新鉴定。

在设备要求中提出了对涡流仪、检测线圈、扫查器和参考管的要求。扫查器要求能够保持材料(管材)与线圈同心,并且在扫查过程中振动较小。扫查速度依据采样率而定。参考试样管要求与被测管具有相同的尺寸、材料和加工工艺,人工不连续应是横向切槽或钻孔。

在程序要求中规定和程序必须包含的检测要素信息。对于特殊技术则也必须符合 ASME 规范中相关要求。在校准要求中规定:检测设备性能的标定时机为“在每次生产运

行开始时；在生产运行结束时；在感觉有疑问的任何时候”，同时“若在校准或验证期间，发现检测设备性能不正常，所有最后一次校准或验证以后检测过的产品应重新检测”。涡流仪应“至少每年校准一次，无论设备是否经受了较大的电器修理、定期检查或损坏。如果设备在一年或一年以上不使用，使用之前应进行校准”。

在检测结果评价中规定应该按照事先规定好的程序进行，并且能够符合相关章节的要求。规定了检测报告必须要包含的检测信息。

二、强制性附录Ⅰ（已安装好的换热器非铁磁性管材的涡流检测）

在 ASME 第Ⅴ卷第 8 章强制性附录Ⅰ“已安装好的换热器非铁磁性管材的涡流检测”中规定了已安装好的换热器传热管的内穿式涡流检测的要求，主要目的是能够检测出缺陷，并进行深度定量。

(1) 设备要求：有差分和绝对两种模式，有数据实时记录装置和合适的数据格式。设备校准周期为 1 年，如出现故障或损坏而拆检或修理完毕时则需要重新校准。

(2) 工艺方法：可以使用单频或多频，对每个单一频率形成的涡流信号都应予以记录。

(3) 信号标定

1) 标定管要求：规定必须要求与被测管具有相同的尺寸、材料和加工工艺，以及人工缺陷的尺寸、间距，加工精度以及标定管的标识等要求。

2) 基本频率的标定：

a) 差分信号的调整：首先基本频率的选定必须能够使通孔和 20%壁厚平底孔的差分信号相位差在 50°～120°（见图 9-3）；20%壁厚平底孔的信号轨迹为首先朝下向左，随后朝上向右，之后再下回到坐标原点（注：ASME 的相位角坐标系与数学上的常规坐标系起点和方向都不同）。灵敏度调节以 20%壁厚平底孔为准，相位调节要求使探头摆动或 10%壁厚的内周向切槽相位角在±5°之内。

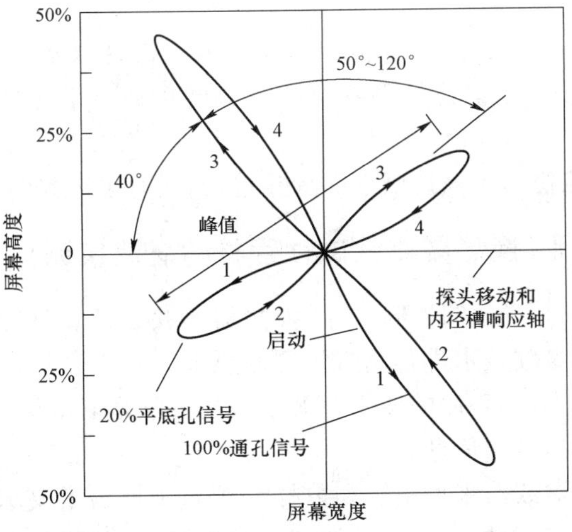

图 9-3　差分通道标定后的显示信号

b) 绝对信号的调整：相位是使通孔信号与水平轴成约 40°，同时与 20%壁厚平底孔的相位差要保持在 50°～120°（见图 9-4）。灵敏度使 20%壁厚平底孔信号幅值为水平刻度的

30%。探头摆动或10%壁厚的内周向切槽相位角也应该在±5°之内。

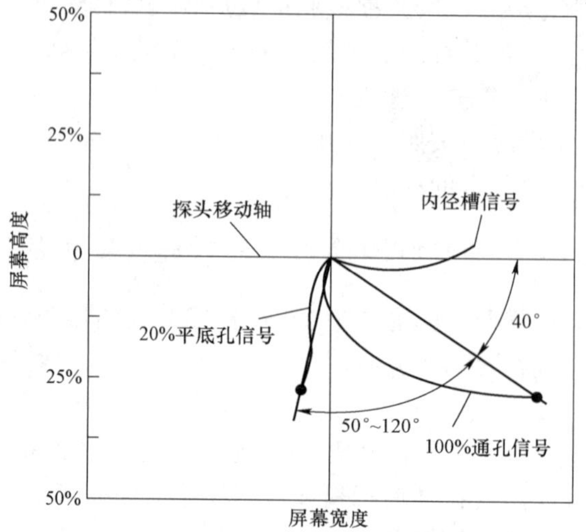

图 9-4 绝对通道标定后的显示信号

3）辅助频率：辅助频率主要是用来混频和辅助分析的，因此可能需要另外的参考缺陷来设置灵敏度和相位，如支承板、胀管等。

4）标定的确认：只要与信号有关的硬件变化，如探头、连接电缆、涡流仪、记录设备等变化，都需要重新标定；如果发现超标应重新标定并记录。分析人员则应确定哪些管的信号需要重新采集。

5）不连续的估计深度与信号的相互关系：不连续的估计深度主要与涡流信号的相位角建立联系，因此，比较样管需要一些不同深度的人工钻孔来建立相位-深度曲线。特别提出的是，如果缺陷的发展比较有规律比如支承结构区域的磨损，则可以建立幅值—深度曲线来估计缺陷的深度。

(4) 检测要求：检测要求记录信号数据，以供分析，评价以及历史比较。一般速度规定不超过 14 in/s(356 mm/s)。但是如果系统的灵敏度和采样率满足要求，也可以使用更高速度。

(5) 文件要求：涡流检测应该按照书面程序进行，同时规定程序必须包括的内容。

三、强制性附录Ⅱ(换热器非铁磁性管材的涡流检测)

在 ASME 第Ⅴ卷第 8 章强制性附录Ⅱ“换热器非铁磁性管材的涡流检测”中规定了用内穿式探头采用多频多参数技术进行涡流检测的要求。

在总则中提出了对人员、程序的要求。对于人员要求是取得相应的资格证书；对于程序要求则规定了必须包含的检测信息。

在设备要求中分别对数据采集系统和数据分析系统提出了要求。对于数据采集系统，一般要求规定“涡流仪器应能同时或多路地产生多种频率，并能复合多参数信号，涡流装置应能检出并记录尺寸的变化，冶金性能的变化和外来材料的沉积，并能对产生于任一管壁表面的各种缺陷响应”。除一般要求外，还对模拟量数据采集系统和数字量数据采集系统的要求分别作了规定。

在标准要求中，对设备的年度校准内容及校准标准样管的材料选择、人工缺陷的尺寸、间距和加工精度等作了具体规定，同时规定了系统校准的相位和幅值设置以及系统校准验证时机。

在检测结果评价中规定，应对所有信号指示加以评定并确定每种信号的记录通道，同时对必须用深度来记录的信号应利用相位伤深曲线或幅值伤深曲线对缺陷深度进行评估。

在文件要求中，规定报告中的记录信号应至少包括定位、伤深、幅值及记录通道。对于显示的定位，应以相对于支承板的位置进行确定；对于伤深，应采用管壁减少的百分数来记录伤最大的估计深度，若管壁减少不足20%时，不需记录精确的百分数；对于不能定量的信号指示，在用其他方法作出判定以前，应将该信号指示看作为伤。除此之外，文件要求还对采集的每一数据组所应包含的信息，传热管标识及报告编制要求作了规定。

四、ASME(2004)Ⅺ卷

ASME 规范Ⅺ卷为核电厂部件在役检查规则，它包括第1册轻水冷却核电厂部件的检查和试验规则，第2册气冷核电厂部件的检查和试验规则和第3册液态金属冷却核电厂部件的检查和试验规则。目前国内民用核电站主要以参照第1册为主。

在本卷的 IWA-2223 和 IWA-2233 中分别规定，对于探测表面缺陷的涡流检测应按本卷附录Ⅳ的规定进行，对于体积性涡流检测应按第Ⅴ卷第8章附录Ⅱ的规定进行。

IWA-2315 规定了从事蒸汽发生器传热管涡流数据分析人员应进行考核验证，验证的方式为利用检测过程中将出现的缺陷类型的实操考核。

在本卷的 IWB-3521 规定了蒸汽发生器 U 形传热管的验收标准：满足 NB-2550 的要求且 r/t 小于 8.70 的 SB-163 材质的传热管，对于裂纹、耗蚀或晶间腐蚀等单个或多个缺陷，其允许的外径缺陷深度不得超过管壁厚度的40%。对于直通式传热管的验收标准目前正在制定中。在 IWB-3630 中规定当蒸汽发生器传热管的裂纹、耗蚀或晶间腐蚀超过 IWB-3521 规定的允许缺陷标准时，则对这些缺陷的评定必须按照管辖核电厂所在地的管理当局可接受的分析方法进行。

本卷强制性附录Ⅳ涡流检测规定了用于涡流表面检测时，涡流检测系统性能验证的要求，主要是对用于管道和部件的缺陷检测及定量的涡流检测规程、设备和人员的性能验证提出要求，但不包括蒸汽发生器传热管涡流检测的性能验证要求。对于电厂业主和涡流检测机构都必须使用符合本附录的合格的程序、设备和人员。

对于性能验证要求适用于采集分析所使用的程序、设备、采集过程、分析人员，不包括采集人员。

本附录对采集程序和分析程序提出了具体要求，这些内容涵盖了采集和分析过程中的主要要素、方法和过程，同时附录规定人员除应符合 IWA-2300 的要求外，雇主还应对采集人员进行针对性培训和考核。

在附录中还规定了管道容器和螺栓—中心孔检测的鉴定要求，并规定了哪些属于需要鉴定的基本变素、重新鉴定的条件以及基本变素的允许范围。

第四节 NB/T 47013.6—2015 标准

国家能源局于 2015 年发布了承压设备无损检测标准第 6 部分：涡流检测（NB/T 47013.6—2015）。本标准适用于在制和承压设备用导电性金属材料管材、零部件、焊接接头表面及近表面缺陷的涡流检测，适用于金属基体表面覆盖层厚度的磁性法和涡流法测量。标准分为 8 小节和 2 个附录。本文仅介绍非铁磁性金属管材涡流检测及相关的一般要求。

一、一般要求

1. 检测系统

（1）涡流检测系统一般包括涡流检测仪、检测线圈及辅助装置（如磁饱和装置、机械传动装置、记录装置、退磁装置等）。

（2）涡流检测仪一般应具有激励、放大、信号处理、信号显示、声光报警、信号输出功能。

（3）涡流检测系统应能以适当频率的交变信号激励检测线圈，并能够感应和处理检测线圈对被检测对象电磁特性变化所产生的响应。

（4）涡流检测系统性能应满足本部分及相关标准要求，有关仪器性能的测试项目与测试方法参照 GB/T14480 等的有关要求进行。

（5）检测能力应满足产品验收标准或技术合同确定的要求。

（6）边缘效应影响区应满足产品验收标准或技术合同的有关要求。

（7）检测仪器应具有可显示检测信号幅度和相位的功能，仪器的激励频率调节和增益范围应满足检测要求。

（8）检测线圈的形式和有关参数应与所使用的检测仪器、检测对象和检测要求相适应。

（9）机械传动装置应能保证被检件与检测线圈之间以规定的方式平稳地作相对运动，且不应造成被检件表面损伤。

（10）记录装置应能及时、准确记录检测仪器的输出信号。

（11）在下列情况下，应使用对比试样对涡流检测设备的灵敏度进行检查和复验：

1）每次检测开始前和结束后；

2）怀疑检测设备运行不正常时；

3）检测对象规格发生变化时；

4）连续检测时，每 2 h 检查和复验 1 次；

5）合同各方有争议或认为有必要时。

2. 对比试样

（1）对比试样主要用于调节涡流检测仪检测灵敏度、调整检测参数、确定验收等级和保证检测结果准确性。

（2）对比试样应与被检对象具有相同或相近规格、牌号、热处理状态、表面状态和电磁性能。

（3）对比试样表面不应沾有异物，且无影响校准的缺陷。

（4）对比试样上加工的人工缺陷应采用适当的方法进行测定，并满足相关标准或技术条件的要求。

（5）对比试样上人工缺陷的尺寸不应解释为检测设备可以探测到的缺陷的最小尺寸。

3. 被检工件

（1）被检工件表面应清洁、无毛刺，不应有影响实施涡流检测的粉尘及其他污物，特别是铁磁性粉屑；如不满足要求，应加以清除，清除时不应损坏被检工件表面。

（2）被检工件表面粗糙度等参数应满足相关产品技术条件要求。

4. 检测环境

（1）检测过程应遵守国家和地方颁布的相关法律，特别是涉及事故预防、电气安全、高危行业以及环境保护方面的法律法规，遵守有关安全的法律法规是标准使用者的责任。

（2）实施监测的场地温度和相对湿度应控制在仪器设备和被检工件允许的范围内。

（3）检测场地附近不应有影响仪器设备正常工作的磁场、震动、腐蚀性气体及其他干扰。

5. 检测工艺文件

（1）检测工艺文件包括工艺规程和操作指导书。

（2）工艺规程除满足 NB/T 47013.1 的要求外，还应规定表 9-4 所列的相关因素的具体范围或要求：

如相关因素的变化超出规定时，应重新编制或修订工艺规程。

表 9-4　涡流检测工艺规程涉及的相关因素

序号	相关因素
1	几何形状、规格尺寸、材质
2	被检件表面状态要求
3	检测线圈（探头）形式
4	检测仪器及型号
5	检测目的及检测区域
6	校准（对比）试样和校准方法
7	扫查方式（手动或自动）
8	辅助装置（磁饱和装置、机械传动装置、记录装置、退磁装置等）
9	缺陷定量方法及验收标准
10	人员资格要求及检测报告

（3）应根据工艺规程的内容以及被检工件的检测要求编制操作指导书，其内容除满足 NB/T 47013.1 的要求外，至少还应包括：

1）检测技术要求：执行标准、检测技术等级、验收等级、检测时机、检测比例和检测前的表面准备要求；

2）检测设备器材：包括仪器、探头、传动装置、对比试块规格及人工缺陷尺寸，性能检查的项目、时机和性能指标；

3）检测工艺参数：包括探头参数尺寸、型号；检测的设置如检测主频率、增益、相位、滤波等；

4）检测标识规定；

5）检测操作程序和扫查次序；

6）检测记录、检测示意图和数据评定的具体要求。

（4）操作指导书在首次使用前应进行工艺验证，验证方式可在相关对比试块上进行，验证内容包括检测灵敏度、信噪比等是否满足检测要求。

6. 涡流检测的一般影响因素

涡流检测是利用交变磁场在导电材料中所感应涡流的电磁效应评价被检工件的无损检测方法，被检工件中涡流分布与深度的关系遵循物理规律，涡流密度随着深度的增加而快速衰减。被检工件的电导率和/或磁导率及其他一些特性会影响检测结果。

（1）检测线圈内径（外径）应与被检管材外径（内径）相匹配，其填充系数影响检测灵敏度。

（2）对比试样的选材及制作应满足本标准的要求，对比试样影响检测灵敏度。

（3）检测时的检测速度应与调试灵敏度时试样与检测线圈的相对移动速度一致或接近，检测速度影响检测灵敏度。

（4）被检工件的形状和探头与被检区域的接近程度影响检测的灵敏度。

（5）线圈与预测缺陷之间的方向影响检测灵敏度。

（6）缺陷的性质、大小和深度影响检测灵敏度。

（7）被检工件的边缘效应影响检测灵敏度。

7. 安全要求

（1）电流短路可能引起的电击，从而造成对人体的伤害。

（2）实施检测的场地的温度和相对湿度对人体可能造成的伤害。

二、非铁磁性金属管材涡流检测

1. 范围

（1）本条规定了承压设备用非铁磁性金属管材产品的涡流检测方法。

（2）本条适用于穿过式线圈检测系统，对于铜及铜合金无缝管，可检测的管材为外径 Φ3 mm～Φ160 mm，壁厚为 0.20 mm～6.0 mm；对于铝及铝合金无缝管，可检测的管材为外径小于或等于 Φ38 mm，壁厚小于或等于 2 mm；对于钛及钛合金无缝管，可检测的管材为外径 Φ4 mm～Φ65 mm，壁厚为 0.5 mm～4.5 mm。其他规格的管材制品可参照此条执行。

（3）对于奥氏体不锈钢及类似合金管材的检测范围、对比试样和检测方法，参照第 5 章内容执行。

（4）对于奥氏体不锈钢焊管检测（验收等级 A），其通孔直径根据钢管尺寸规定。当钢管壁厚≤3 mm，通孔直径为 1.2 mm（但当外径≥51 mm 时，通孔直径为 1.60 mm）；当钢管壁厚＞3 mm，通孔直径为 1.60 mm（但当外径≥51 mm 时，通孔直径为 2.0 mm）；或由供需双方协商孔径的大小。

2. 铜及铜合金管材管材检测方法

（1）对比试样

1）对比试样上人工缺陷为垂直于管壁的径向圆形通孔、平底孔或纵向刻槽。

2）对比试样上人工缺陷的孔径、纵向刻槽尺寸与被检管材的外径和壁厚的对应关系检表 9-5～表 9-7，圆形通孔的外径和纵向刻槽的偏差应不大于±0.02 mm。

表 9-5　对比试样孔径尺寸　mm

管材外径 D	管材壁厚	人工标准缺陷孔径
$3<D\leqslant6$	<0.40	0.40
	⩾0.40	0.50
$6<D\leqslant10$	<0.40	0.50
	⩾0.40	0.60
$10<D\leqslant16$	<0.50	0.60
	⩾0.50	0.70
$16<D\leqslant20$	<0.50	0.70
	⩾0.50	0.80
$20<D\leqslant30$	—	0.90
$30<D\leqslant40$	—	1.00
$40<D\leqslant50$	—	1.10
$50<D\leqslant60$	—	1.20
$60<D\leqslant80$	—	1.30
$80<D\leqslant100$	—	1.40
$100<D\leqslant120$	—	1.50
$120<D\leqslant160$	—	1.70

表 9-6　对比试样纵向刻槽尺寸　mm

管材外径 D	管材壁厚	人工标准缺陷纵向刻槽（$h\times b\times l$）		
		深度 h	宽度 b	长度 l
$6<D\leqslant10$	>0.50	0.08	0.1	20
$10<D\leqslant16$	>0.55	0.09	0.1	
$16<D\leqslant19$	>0.55	0.10	0.1	

表 9-7　对比试样平底孔推荐尺寸　mm

管材外径 D	管材壁厚	人工缺陷（平底孔直径×深度）	说明
>50	>5.0	（Φ1.3～Φ1.6）×（1～2）	内壁伤
>3.0～9.0	—	Φ0.60×0.10	内壁伤
>9.0～12.0	—	Φ0.80×（0.10～0.20）	内壁伤
>12.0～16.0	—	Φ1.0×（0.20～0.25）	内壁伤

3）对比试样可按图 9-5 制作，轴向 5 个相同通孔，其中 2 个通孔分别距离管端 100 mm，中间 3 个通孔之间的距离为 500 mm，并沿圆周方向相隔 120°分布。

4）对比试样上人工缺陷的类型和尺寸，可由供需双方协商决定。

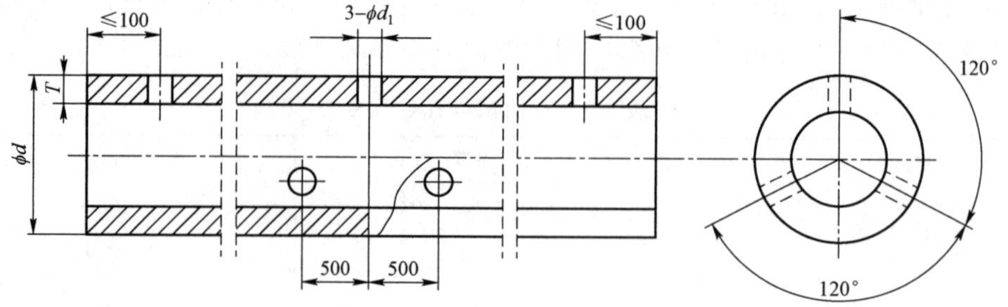

(a)

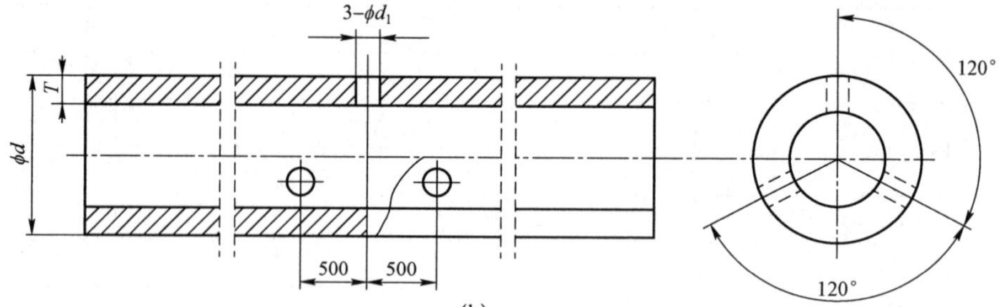

(b)

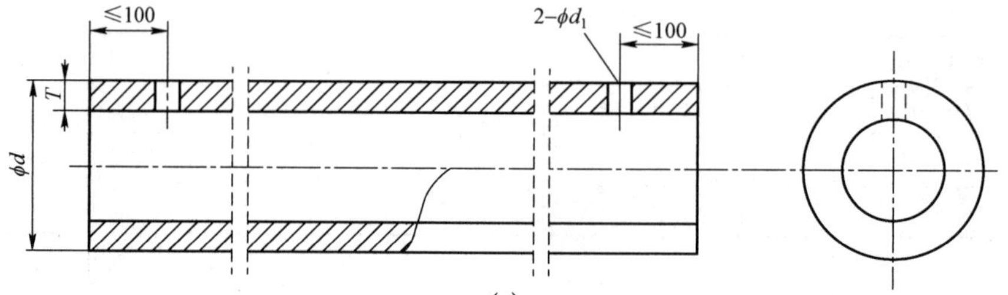

(c)

说明:
d_1——人工标准缺陷孔径;
d——管材外径;
T——管材壁厚。

图 9-5　对比试样上缺陷位置

5）如需采用其他形状或尺寸的人工标准缺陷，可由供需双方协商解决。

（2）检测设备

1）按照被检管材的规格，选择合适的检测线圈。

2）检测线圈内径应与被检管材外径相匹配，其填充系数大于或等于 0.6。检测频率范围为 1～125 kHz。

3）检测设备综合性能测试可参照 GB/T 5248 附录 A 和附录 B 执行。

（3）检测程序

1）涡流检测仪器和设备在确定的检测速度下运行，调试涡流检测仪器使得人工标准缺陷信号刚好报警且人工缺陷响应信号的幅度应在仪器荧光屏满刻度的 30％～50％。

2）中间 3 个通孔的显示幅度应基本一致，选取其最低幅度作为检测设备的触发-报警水平。

3）如有必要，可以使用磁饱和装置，使被检区域达到磁饱和。

4）确认灵敏度后，按灵敏度调整时设置的参数对被检管材进行检测。

5）检测时的检测速度应与调试灵敏度时的检测速度相同或接近，且应满足仪器允许的检测速度上限要求。

6）检测时，每隔 2 h，应按 1）和 2）的要求校验仪器。若发现灵敏度数据的变化大于 2 dB，应对于一次至本次校验之间的管材进行复检。

3．铝及铝合金管材检测方法

（1）对比试样

1）对比试样上人工缺陷为垂直于管壁的通孔，沿轴向加工 5 个相同孔径的通孔，其中 2 个通孔分别距离管端 100 mm±5 mm，中间 3 个通孔之间的间距为 150 mm±10 mm，并周向相隔 120°±5°分布，见图 9-6。

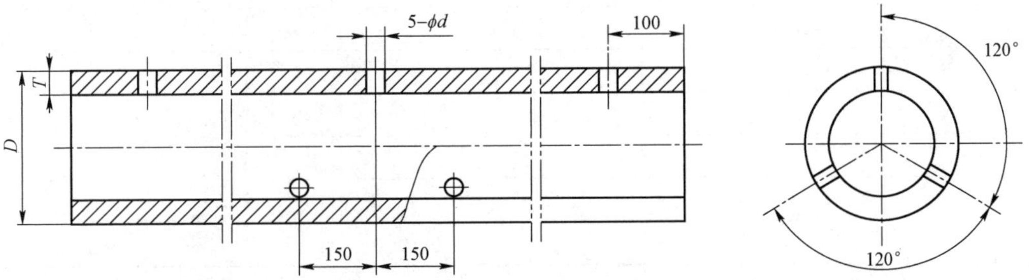

图 9-6　对比试样上通孔位置示意图

2）人工缺陷的孔径尺寸与被检管材外径的对应关系应符合表 9-8 的规定，孔径偏差±0.05 mm。

表 9-8　铝及铝合金对比试样人工缺陷的孔径尺寸　mm

对比试样管外径 D	通孔直径 d
$6<D\leqslant10$	0.5
$10<D\leqslant20$	0.8
$20<D\leqslant30$	1.2
$30<D\leqslant38$	1.3

（2）检测线圈

1）按照被检管材的规格，选择合适的检测线圈。

2）检测线圈内径应与被检管材外径相匹配，其填充系数大于或等于 0.6。检测频率范围为 1～125 kHz。

（3）检测程序

1）涡流检测仪器和设备在确定的检测速度下运行，调试涡流检测仪器使得人工标准缺陷信号刚好报警且人工缺陷相应信号的幅度应在仪器荧光屏满刻度的 30%～50%。

2）中间 3 个通孔的显示幅度应基本一致，选取其最低幅度作为检测设备的触发-报警电平。

3）确认灵敏度后，按灵敏度调整时设置的参数对被检管材进行检测。

4）检测时的检测速度应与调试灵敏度时的检测速度相同或接近，且应满足仪器允许的检测速度上限要求。

5）检测时，每个 2 h，应按 1）和 2）的要求校验仪器。若发现灵敏度数据的变化大于 2 dB，应对上一次至本次校验之间的管材进行复检。

4. 钛及钛合金管材检测方法

（1）对比试样

1）对比试样人工缺陷为垂直于管壁的 5 个直径相同的径向通孔。通孔直径允许偏差为±0.05 mm，通孔的垂直度允许偏差应不大于 5°，参见图 9-6。

2）根据管材外径的不同，选择人工缺陷通孔尺寸，见表 9-9。

表 9-9 对比试样人工缺陷尺寸 mm

管材外径 D	人工缺陷孔径尺寸
$6 \leqslant D < 10$	0.6
$10 \leqslant D < 18$	0.7
$18 \leqslant D < 24$	0.8
$4 \leqslant D < 38$	1.0
$38 \leqslant D < 55$	1.2
$55 \leqslant D < 65$	1.4

3）每个人工缺陷周向间隔 120°分布。

4）经合同双方同意，也可以采用 GB/T 12969.2 中规定的纵向刻槽试样。

（2）检测线圈

1）按照被检管材的规格，选择合适的检测线圈。

2）检测线圈内径应与被检管材外径相匹配，其填充系数大于或等于 0.6。检测频率范围为 1～125 kHz。

（3）检测程序

1）涡流检测仪器和设备在确定的检测速度下运行，调试涡流检测仪器使得人工标准缺陷信号刚好报警且人工缺陷相应信号的幅度应在仪器荧光屏满刻度的 50%～70%。

2）中间 3 个通孔的显示幅度应基本一致，相差不大于平均幅度的±10%，选取其最低幅度作为检测设备的触发-报警电平。

3）确认灵敏度后，按灵敏度调整时设置的参数对被检管材进行检测。

4）检测时的检测速度应与调试灵敏度时的检测速度相同或接近，且应满足仪器允许的检测速度上限要求。

5）检测时，每隔 2 h，应按 1）和 2）的要求校验仪器。若发现灵敏度数据的变化大于 2 dB，应对上一次至本次校验之间的管材进行复检。

5. 检测结果评定

（1）采用人工缺陷为通孔、平底孔或槽验收的规定应按供需双方合同，或按有关产品标准要求。

（2）经检测未发现报警信号的管材为涡流检测合格。

（3）经检测发现有报警信号的管材为涡流检测不合格。

思考题

1. 简述 RCC-M 标准(2000 版)对于涡流检测的规定。
2. 简述 RSE-M 标准(1997 版)对于涡流检测的规定。
3. 简述 ASME 规范(2004 版)对于涡流检测的规定。
4. 简述 NB/T 47013.6—2015 标准对于涡流检测的规定。

第二部分　核设备涡流检测操作技能

学习目标：

初级工：能按照要求正确选择探头、标定样管，并能准确连接；掌握管材产品检测时设备的使用和具体检测操作步骤，检测结束后恢复检测场地。熟悉热交换器传热管涡流检测操作的相关内容。

中级工：能按照要求选择涡流检测设备和器材、掌握管材产品和热交换器传热管检测时设备的使用和具体操作步骤，能识别相关显示与非相关显示并在检测结束后恢复检测场地。熟悉检测记录的相关内容，会制作标定曲线等；能正确填写检测报告、维护仪器。

高级工：根据被检对象，能编制检测工艺卡；掌握检测仪器操作要领和检测步骤。在检测过程中，准确记录缺陷信息并依据标定曲线和验收标准进行数据分析和评定；正确编制检测报告；还能培训初、中级人员的操作技能。

技师：掌握检测仪器操作要领和检测步骤。在检测过程中，准确记录缺陷信息并依据标定曲线和验收标准进行数据分析和评定；正确编制检测报告；根据被检对象编制检测规程、编写设备标定程序；能分析检测结果的误差产生原因、对缺陷进行综合评定；能编写初、中、高级人员培训教材，讲授本专业理论知识和检测技能。掌握另一种检测方法。

高级技师：掌握检测仪器操作要领和检测步骤。在检测过程中，准确记录缺陷信息并依据标定曲线和验收标准进行数据分析和评定；正确填写编制检测报告；掌握另一种检测方法。能分析检测设备、仪器故障的产生原因，制定相应的维护保养措施；按照技术要求编制验收标准、能编制特殊检测对象的检测规程、能制定特殊检测对象的检测方案；能对检测过程进行质量分析；对缺陷进行综合评定，并能分析评价检测结果的可靠性、准确性；进行新技术、新知识和新工艺的讲座。

第十章　热交换器传热管涡流检测

第一节　工作准备

一、检测工艺卡准备

编制检测工艺卡，并正确理解检测工艺卡的内容与要求。检测对象为不同材料和不同管径的管子，采用内穿式线圈检测方法，按 ASME—2004 标准执行，评定试件的整体质量情况，进行合格与否的判定。

二、检测前准备

依据检测工艺卡准备涡流仪器、电缆、探头、标定管、操作试件以及记录纸、记录表、记录及测量器具等。

三、操作试件准备

检测开始前核对试件名称、材料、规格及编号，检查试件的表面状况，如果表面存在影响检测的附着物，应擦拭去除。

四、仪器设备准备

操作设备和器材包括：

(1) 仪器：阻抗平面式多频涡流检测仪器（如 OMNI200 R 涡流仪等），频率范围连续可调。

(2) 检测线圈：内穿过式涡流线圈，其外径尺寸应根据被检管子内径加以确定，以保证尽可能大的填充系数。

(3) 标定样管：标样管应选用与被检管材同一标称尺寸和同一材料（化学成分和生产方式相同）的一段管子来制作。标定样管（即用于判伤曲线制作的标定管）应包括下列校准不连续性：

1) 一个贯穿管壁的单个通孔，对外径小于等于 19.05 mm 的管子，其直径为 1.3 mm，对外径大于 19.05 mm 的管子，其直径为 1.7 mm。

2) 一个直径为 1.98 mm 的平底孔，从管外壁钻入，深度为管壁厚度的 80%；

3) 一个直径为 2.8 mm 的平底孔，从管外壁钻入，深度为管壁厚度的 60%；

4) 一个直径为 4.8 mm 的平底孔，从管外壁钻入，深度为管壁厚度的 40%；

5) 四个直径为 4.8 mm 的平底孔，环绕管子圆周并在同一平面上均布，从管外壁钻入，深度为管壁厚度的 20%；

6) 一个 1.6 mm 宽的 360°周向切槽，从管内壁切入，深度为壁厚的 10%(可选项)。

五、检测参数准备

根据试件的材质、尺寸，所需检测的透入深度，计算和选择合适的主检测频率及辅助检测频率，辅助频率用于消除支撑板信号，辅助检测频率一般应选择主检测频率的1/4～1/2内某一频率。

第二节 仪器调节

一、检测仪器连接

确认系统的工作状态，连接计算机、涡流仪、检测探头、参考探头或适配器等。

二、检测参数设置

点击图标“CEddy ACQ”打开采集软件，并进行采集条件及涡流仪的设置。见图10-1涡流仪设置面板：

(1) 设置检测频率、采样率、增益等；

(2) 设置采集速度：根据设置的采样率，保证数字化率不小于每毫米1.2点；

(3) 打开涡流仪；

(4) 连接测试：用于检查涡流仪是否连接；

(5) 对中涡流仪器：主要实现硬件对中平衡。

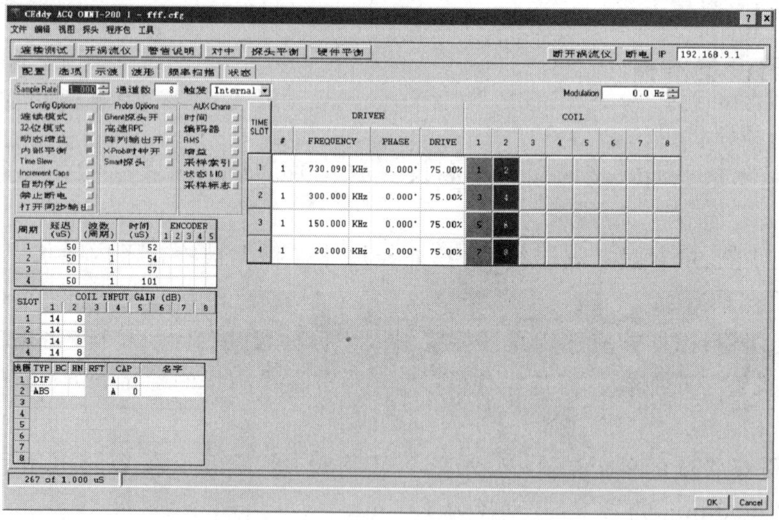

图10-1 涡流仪设置面板

三、检测通道的选择

选择主检测通道、辅助检测通道，差分或绝对工作模式。

第三节　操作步骤

一、试件检测前标定

试件检测前进行系统标定，采集 3 次标定管信号。在检测实施过程中，每两次标定校核间隔时间不超过 4 小时，当怀疑系统异常时需要用标定管进行系统校核，必要时重新检测。

二、检测实施

对试件进行全长全壁厚检测，探头回拉时记录数据，保证检测速度均匀，采集数据完整。

三、数据分析

（1）检测灵敏度及相位的调整：将采集好的标定管数据调整检测灵敏度，通孔幅度至少达到满幅的 60%，通孔相位调 40°；

（2）混频的实施：创建标准混频通道（2 通道混频），并实现信号的混频（消除支撑结构信号），调通孔幅度至少达到满幅的 60%，相位调噪声水平；

（3）幅值测量基准的建立：将标定管上人工缺陷通孔幅值设定至固定值（通常设通孔信号设 8 V）；

（4）相位判伤曲线的制作：利用标定管上的人工伤制作相位—伤深曲线，曲线的横坐标为信号的相位角，纵坐标为缺陷深度壁厚百分比；

（5）对试件数据进行分析，内穿式线圈涡流检测采用相位分析法，检测结果以信号的相位作为评判依据，根据相位伤深曲线，判断出缺陷的类型、减薄量、位置及被检试件合格与否的结论。

四、复检

对有缺陷的显示进行复检，以确认检测结果的重复性和可靠性。

五、试件检测后标定

试件检测后进行系统标定，采集 3 次标定管信号。

六、后处理

清理试样、工件，恢复工作环境。

七、结果评定

要求记录缺陷显示的幅值、相位、伤深、位置、缺陷类型，并评定被检试件合格与否。

八、填写检测记录

当发现缺陷时记录缺陷显示的幅值、相位、伤深、位置、缺陷类型等信息，要求记录完整、清楚。涡流检测操作（在役传热管）记录表见表 10-1。

表 10-1 涡流检测操作(在役传热管)记录表

工件编号		尺寸		材料	
仪器型号		探头类型与尺寸		标样管编号	
检测频率	主频：	增益(dB)		混频组合	
	辅频：			扫查速度	
分析方法		检测前标定时间		检测后标定时间	
执行标准					

相位—伤深曲线(中级工以上填写)

主通道混频通道

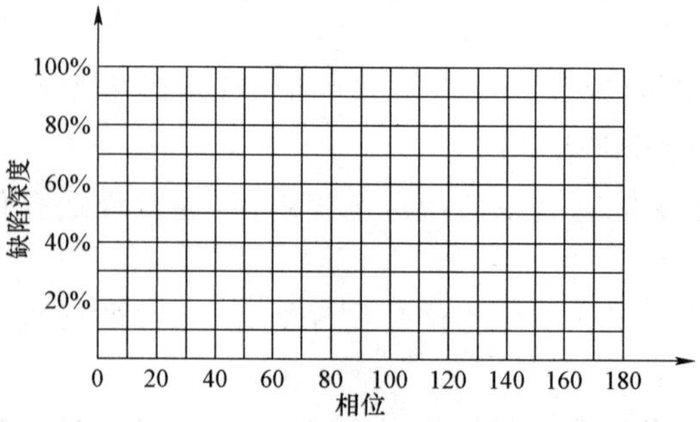

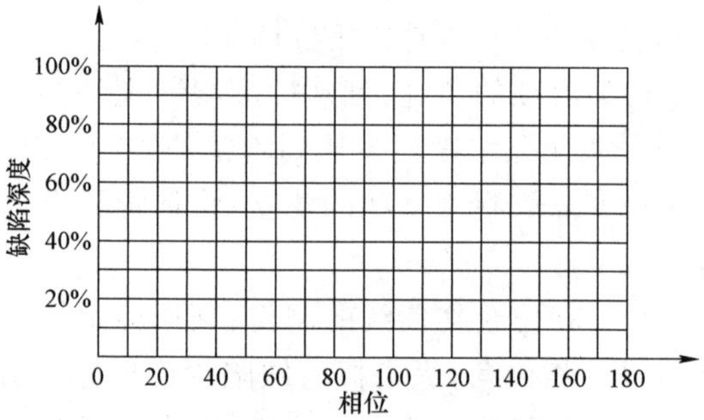

记录：

检测结论：(高级工、技师、高级技师填写)

日期：

第十一章　管材产品涡流检测

第一节　工作准备

一、检测工艺卡准备

编制检测工艺卡，并正确理解检测工艺卡的内容与要求。检测对象为不同材料和不同管径的管子，采用外穿式线圈检测方法，按 NB/T 47013.6—2015 标准执行，评定试件的整体质量情况，进行合格与否的判定。

二、检测前准备

依据检测工艺卡准备涡流仪器、电缆、探头、标定管、操作试件以及记录纸、记录表、记录及测量器具等。

三、操作试件准备

检测开始前核对试件名称、材料、规格及编号，检查试件的表面状况，如果表面存在影响检测的附着物，应擦拭去除。

四、仪器设备准备

操作设备和器材包括：

（1）仪器：阻抗平面式多频涡流检测仪器（如 OMNI200R 涡流仪等），频率范围连续可调。

（2）检测线圈：外穿式涡流线圈，与被检管材尺寸匹配，其填充系数大于或等于 0.6。

（3）标定样管：与被检管材料、尺寸一致，按产品检测验收标准加工垂直与管壁的通孔，其中 2 个通孔分别距离管端 100 mm，中间 3 个通孔沿周向 120°对称分布，轴向间距不小于 150 mm。

第二节　仪器调节

一、检测仪器连接

确认系统的工作状态，连接计算机、涡流仪、检测探头、参考探头或适配器等。

二、检测参数设置

点击图标“CEddy ACQ”打开采集软件，并进行采集条件及涡流仪的设置，见图 10-1 涡流仪设置面板：

(1) 设置检测频率、采样率、增益等；

(2) 设置采集速度：根据设置的采样率，保证数字化率不小于每毫米 1.2 点；

(3) 打开涡流仪；

(4) 连接测试：用于检查涡流仪是否连接；

(5) 对中涡流仪器：主要实现硬件对中平衡。

三、检测通道的选择

根据检测要求，选择差分或绝对通道。

第三节 操作步骤

一、试件检测前标定

试件检测前进行系统标定，采集 3 次标定管信号。在检测实施过程中，每两次标定校核间隔时间不超过 4 小时，当怀疑系统异常时需要用标定管进行系统校核，必要时重新检测。

二、检测实施

对试件进行全长全壁厚检测，探头回拉时记录数据，保证检测速度均匀，采集数据完整。

三、数据分析

(1) 检测灵敏度及相位的调整：调节人工缺陷通孔信号，使其幅度至少达到满屏的 60%，将噪声信号调至水平放置；

(2) 幅值测量基准的建立：将人工缺陷通孔幅值设定至固定值，作为幅值判伤的阈值(通常设通孔信号设 8 V)；

(3) 外穿式线圈涡流检测采用幅值分析法，检测结果以信号的幅值作为评判依据，如标定管通孔信号定义为 8 V，若缺陷信号达到此阈值则判废，检测人员应在最终结果中作出被检管合格与否的判定。

四、复检

对缺陷显示进行复检，以确认检测结果的重复性和可靠性。

五、试件检测后标定

试件检测后进行系统标定，采集 3 次标定管信号。

六、后处理

清理试样、工件，恢复工作环境。

七、结果评定

要求记录缺陷显示的幅值、位置。并评定被检试件合格与否。

八、填写检测记录

当发现缺陷时记录缺陷显示的幅值、位置等信息，要求记录完整、清楚。涡流检测操作（管材产品）记录表见表 11-1。

表 11-1　涡流检测操作(管材产品)记录表

工件编号		尺寸		材料	
仪器型号		探头类型与尺寸		标样管编号	
检测频率		增益(dB)		扫查速度	
分析方法		检测前标定时间		检测后标定时间	
执行标准					

检测结果记录：

检测结论(高级工、技师、高级技师填写)：

日期：

第三部分　核燃料元件涡流检测操作技能

学习目标：

初级工：要求掌握正确选择探头、对比样管，并能准确连接；熟悉检测设备的使用和具体操作步骤，检测结束后恢复检测场地。了解检测记录的相关内容、注意事项和辐射安全等知识。

中级工：要求掌握正确选择涡流检测设备和器材、掌握检测设备的使用和具体操作步骤，能识别相关显示与非相关显示并在检测结束后恢复检测场地。熟悉检测记录的相关内容，并根据标准判定相关显示；能正确填写检测报告、维护仪器。了解检测记录的相关内容、注意事项和辐射安全等知识。

高级工：根据被检对象能编制检测工艺卡和测试相关仪器的性能；掌握检测仪器操作要领和检测步骤。在检测过程中，准确记录缺陷参数并按照验收标准进行评定；正确填写编制检测报告；掌握检测记录的相关内容、注意事项和辐射安全等知识。还能培训初、中级人员的操作技能。

技师：掌握检测仪器操作要领和检测步骤。在检测过程中，准确记录缺陷信息并按照验收标准进行评定；正确填写编制检测报告；根据被检对象编制检测规程、编写设备标定程序；能分析检测结果的误差产生原因、对缺陷进行综合评定；掌握检测记录的相关内容、注意事项和辐射安全等知识。能编写初、中、高级人员培训教材，讲授本专业理论知识和检测技能。掌握另一种检测方法。

高级技师：掌握检测仪器操作要领和检测步骤。在检测过程中，准确记录缺陷信息并按照验收标准进行评定和判级；正确填写编制检测报告；能分析检测设备、仪器故障的产生原因，制定相应的维护保养措施；掌握检测记录的相关内容、注意事项和辐射安全等知识。按照技术要求编制验收标准、能编制特殊检测对象的检测规程、能制定特殊检测对象的检测方案；能对检测过程进行质量分析；对缺陷进行综合评定，并能分析评价检测结果的可靠性、准确性；进行新技术、新知识和新工艺的讲座。

第十二章　锆合金包壳管的涡流检测

锆合金包壳管是核反应堆的第一道安全屏障，它是包覆和封闭核燃料的外套。锆合金包壳管具有保护核燃料不受化学性质活泼的环境介质的影响、包容被包覆材料在辐照过程中产生的放射性产物、提供结构支撑等多种功能。锆合金包壳管的质量与燃料棒在核反应堆内的安全运行息息相关。在锆合金管材制造过程中，可能存在的缺陷有裂纹、夹杂、压坑、分层、划伤等，这些缺陷大多是在挤压、轧制过程中产生，分布在管材的内、外壁。为检测出这些缺陷，采用了无损检测方式，管材的无损检测一般采用超声波检测和涡流检测，其中涡流检测能够快速有效发现管材表面和近表面的不连续。

第一节　工作准备

一、锆合金包壳管涡流检测原理

如图 12-1 所示，是外穿过式差分线圈涡流检测检测原理图。基于电磁感应原理，涡流检测是将选定频率的交变信号输入到探头的激励线圈，使之在被检管材（必须导电）表面和近表面感应出沿管材周向的涡形电流即涡流，此涡流也产生一个与激励线圈电磁场方向相反的交变磁场作用于接收线圈。当遇到被检管材不连续时，涡流的走向会发生畸变从而引起检测线圈的阻抗发生变化，由此检出被检管材的不连续性。外穿过式差分线圈涡流检测方法是以标准通孔的当量反射信号为依据，通过该信号确立标准，作为实际检测中的评判依据。检测方式是线圈固定，管材进给的方式完成对管材全覆盖涡流扫查。

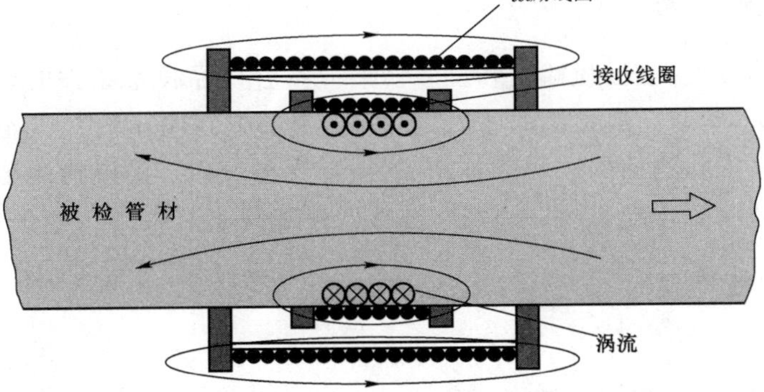

图 12-1　外穿过式差分线圈涡流检测检测原理图

二、检测前准备

依据检测工艺卡准备涡流仪器、电缆、探头、标定管、操作试件以及记录纸、记录表、记录及测量器具等。

锆合金管材标准伤管(即对比试样)要求:

(1) 对比试样应与被检管材的材质、几何尺寸、表面状态及热处理工艺一致,且没有干扰标准伤信号识别的缺陷存在。对比试样应有唯一编号且可追溯。

(2) 对比试样标准伤为径向通孔,通孔尺寸及加工精度应符合产品合同技术条件要求。

(3) 对比试样应有5个相同的标准伤,其中2个标准伤分别距管两端≤40 mm,用于确定端部盲区长度;中部3个标准伤之间轴向间距不小于200 mm,并沿圆周方向间隔120°±5°分布,用于系统调试。对比试样标准伤分布如图12-2所示。

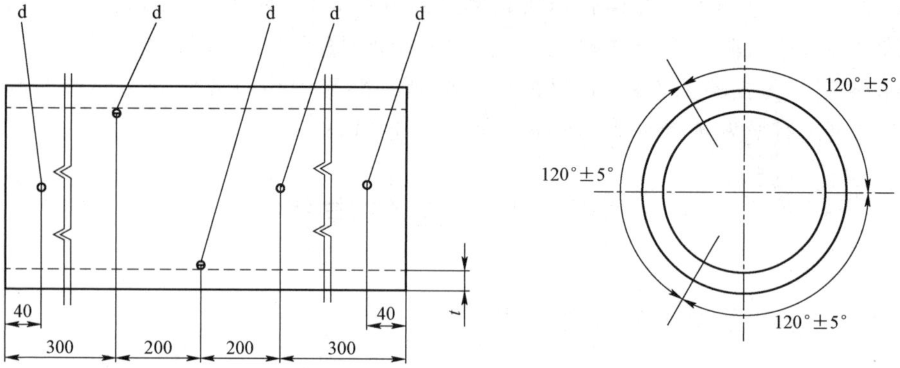

图12-2 对比试样标准伤分布示意图

(4) 对比试样在使用中应定期从外表面对标准伤进行检查,可采用光学显微镜测量等方法。以下情况应更换对比试样:

1) 对比试样发生变形或损伤影响标准伤信号显示;

2) 发现标准伤的尺寸超出公差范围;

3) 来料管材的材质、热处理工艺或几何尺寸等发生改变。

三、操作试件准备

被检管材的直线度、表面粗糙度和尺寸公差应符合产品技术条件的要求。被检管材内外表面应当清洁,不得有妨碍检测的污垢、油脂、金属屑或其他外来物质,管端无毛刺。对管材所用的清洁方法及检测前的表面准备,应不损坏管材表面。涡流检测场地附近不应有影响涡流检测设备正常工作的磁场、振动、腐蚀性气体和其他干扰。

四、仪器设备准备

(1) 涡流检测仪

应选用适用于管材外穿过式检测的涡流检测仪。检测仪激励频率应至少能覆盖30~800 kHz的范围,具有显示、报警和自动记录功能。

(2) 探头

探头为外穿过式差分线圈。探头与检测仪组合后,应能在管壁内产生感应电流,并能检测管材电特性的变化。探头内径必须和受检管材的外径相匹配,其填充系数不小于 0.6。

检测频率应满足标准透入深度和检测灵敏度要求，信噪比不低于 10 dB。

(3) 机械传动装置

机械传动装置应保证被检管材匀速、平稳地通过探头，不得造成对管材外表面的损伤，具有探头线圈中心与被检管材中心一致的调节结构。

能提供稳定的管材进给速度，速度变化应在±5%以内。

第二节 仪器调节

一、检测仪器调试

1. 涡流检测系统校准

(1) 技术要求

根据技术条件要求，结合涡流检测系统的实际情况，参考相关测试方法，计量特性及其技术要求见表 12-1。

表 12-1 技术要求

序号	1	2	3	4	5	6
计量特性	信噪比	周向灵敏度差	漏检率	重复性	稳定性	管端不可探盲区
技术要求	>10 dB	≤3 dB	0	伤幅标准偏差应≤1 dB	伤幅波动应≤2 dB	≤40 mm

(2) 校准条件

校准前，人工标准伤管外表面用无水乙醇清洗干净。检测应在室温下进行，现场应保持清洁、整齐有序，无强电磁，无腐蚀性气体。经外检合格适用的人工标准伤管。

(3) 校准方法

涡流检测系统各部分应完整，运转正常，用户手册、操作维护规程齐备，在正常检测条件下进行测试。

1) 信噪比

连续检测标准管 3 次，分别测量 3 次最小标准孔缺陷响应以及最大噪声响应幅值，通过计算即可得到信噪比，取最劣值。对于给定的标准孔，信噪比应>10 dB。

2) 周向灵敏度差

检测标准管，调节增益，使标准孔的最小缺陷响应刚好达到 80%FSH，记录下此时的增益值 1；调整增益，重新在同一状态下测试标准管，使标准孔的最大缺陷响应刚好达到 80%FSH，记录下此时增益值 2。两次增益值之差的绝对值即为周向灵敏度差，测试三组数据，取最劣值。周向灵敏度差应≤3 dB。

3) 漏检率

将三个参考标准孔响应幅值最低者调到 80%FSH，再提高增益 2 dB。连续检测标准管

50 次，每次检测中三个标准孔响应幅度最低者应≥80%FSH，也即标准伤漏检率为 0。

4）重复性

连续检测标准管 100 次，对于同一个标准孔，其 100 次缺陷响应幅度标准偏差应≤1 dB。

5）稳定性

对于给定的标准孔，在相同状态下每间隔 1 小时测试 5 次，一共测试 5 组数据，其缺陷响应幅度波动应≤2 dB。

6）管端不可探盲区

对于距管端不大于 40 mm 处的标准孔，连测三次，应每次均能检测并记录其幅度，即管端不可探盲区≤40 mm。

（4）校准周期

时间间隔一般为 12 个月，也可根据实际情况或用户要求确定校准周期。

二、检测参数设置

以记录满刻度的 50%～80%的某一幅值作为标定值，调节仪器增益，将对比试样中部 3 个标准伤信号幅度调整到均不低于该标定值。必要时可根据检测系统稳定性进行检测灵敏度补偿，以确保检测过程中标准伤信号不低于标定值。

按产品合同技术条件设置判废线。

第三节 操作步骤

一、试件检测前标定

检测前，根据被检管材规格选用并安装符合检测要求的探头及导套。

调节检测设备，使对比试样通过探头时，仪器能够显示出清晰可辨的标准伤信号。中部 3 个标准伤的信号幅值应该基本一致，相差应不大于 2 dB。

对比试样不少于 3 次连续通过探头时，中部 3 个标准伤信号幅度均不低于标定值，且端部 2 个标准伤信号均能识别或报警，则设备状态满足检测要求。

在检测过程中及检测结束时，应通过对比试样校验检测系统，两次校验时间间隔不超过 2 小时。

校验时，保持仪器设备的状态不变，将对比试样通过涡流检测系统。中部 3 个标准伤信号幅度均不低于标定值，且端部 2 个标准伤信号均能识别或报警，否则，应重新调试设备，并对上次校验后所有被检管材进行重新检测。

二、检测实施

保持仪器设备的状态不变，开始对管材进行涡流检测。

三、结果判定

检测未发现缺陷，或缺陷信号幅度低于判废线，管材判定为合格。

缺陷信号幅度达到或超过判废线，管材判定为不合格。

四、复检

对缺陷显示进行复检，以确认检测结果的重复性和可靠性。

五、后处理

清理试样、工件，恢复工作环境。

六、结果评定

涡流检测系统经校准，如符合技术要求则合格。

第十三章　复合元件芯体定位涡流检测

复合燃料元件的生产制造工艺很难严格控制燃料元件中芯体的准确位置和分布情况，但燃料芯体在燃料元件中的分布又直接影响燃料元件在反应堆中的工作状态和安全性；同时为保证燃料元件在生产制造过程中不造成芯体泄露，精确确定复合燃料元件芯体的长度、位置等关键信息，就变得十分必要。当燃料元件芯体与包壳材料的射线吸收系数相差较大时，利用射线方法进行检测是一个很好的方法，但当燃料元件芯体与包壳材料的射线吸收系数一致或相近似时，检测就变得十分困难，检测灵敏度也不高，经常难以满足生产质量的要求。因此，就需要采用其他的无损检测方法进行，燃料元件包壳多为金属，具有良好的导电性，利用涡流检测的方法就成为了可能。

第一节　工作准备

一、复合元件芯体定位涡流检测原理

当通以交变电流的线圈靠近金属导体时，由于电磁感应作用，在导体近表面感应出闭合涡流，该涡流会产生一个与原磁场相反的交变磁场。交变磁场与原线圈磁场相互作用而使线圈阻抗发生变化。交变磁场的大小除了与线圈特性有关外，还与样品特性有关。若线圈特性：如信号频率、线圈形状和尺寸等一定时，交变磁场大小主要与样品特性有关，如样品的电导率、尺寸以及缺陷等。对于同一种复合燃料元件，所用包壳材料以及加工尺寸均相同，将元件内的芯体看作夹杂缺陷，当材质发生变化时，会引起线圈阻抗的变化，监测线圈的阻抗变化就可以测定组件管芯体的位置。

二、检测前准备

(1) 检查整套仪器，设备应完整无损，所有紧固件应无松动现象。

(2) 打开仪器，预热 30 min。

(3) 检查仪器各开关、显示器有明确的功能标识。

(4) 仪器稳定后，将外探头套在组件管一端铝的位置，调试仪器。

(5) 注意事项和辐射安全

1) 涡流探头的好坏，日常除了观测探头的外观外，还应不定期的利用标准样品进行校验，确保探头工作状态正常准确。当任何检测人员对检测存在质疑时，都应联系相关人员对探头进行校验。

2) 评判工作由持有民用核安全设备无损检测涡流检测Ⅱ级及以上资格证书的人员进行。

3) 核临界事故对事故周边人员危害极大，当发生核临界事故时，岗位人员要立即停止操作，远离事故区域撤离至应急集合点，在 3 分钟内报告应急领导小组成员。

三、操作试件准备

被检管件内外表面应当清洁，不得有妨碍检测的污垢、油脂、金属屑或其他外来物质，管端无毛刺。

四、仪器设备准备

（1）涡流检测仪

MIZ-27HP或性能相近的涡流仪。

（2）探头

采用专用外穿过式探头，填充系数大于0.95。

（3）卷尺

最小分度值1 mm，最大量程为5 m。

（4）钢板尺

最小分度值1 mm，最大量程为500 mm。

第二节　仪器调节

一、检测仪器调试

检测探头由于磨损、意外伤害、老化等原因可能造成检测结果出现偏差，因此，需定期对探头进行校验，确保检测过程的准确可靠。

（1）外观的校验

观察探头外观是否存在较为严重的磨损或破坏，导线圈是否存在断裂、脱皮接触不好等现象。对于线圈内部磨损情况不易判断时，可利用内径千分尺对线圈内径进行测量，通过填充系数判断磨损情况。

（2）信号准确性的校验

使用待测探头连接检测设备，对标准样品进行测量，测量步骤与正常检测一致，观察实际测量结果与标准样品的标称结果是否一致，当检测结果与标称结果之间的相对误差小于2%时，认为探头状态可靠。上述测量共需重复3次，避免偶然因素的影响。

二、检测参数设置

1. 参数设置

（1）按下HARDWARE CONFIG按钮进入参数设置模式，选择检测类型为ECTMUXED。

（2）检测频率设为3.0 kHz，探头类型为Df-d，驱动电压Drive设置为5 V，增益Gain值设置为25 dB。

（3）调节初始位置使信号的显示可占满屏幕的80%以上。

2. 软件设置

（1）按下RETURN按钮返回到检测模式。

（2）按下STAR ACQUIRE按钮开始检测。

第三节 操作步骤

一、平衡

将两只线圈套在被测管的铝管段，按下涡流仪上的 NULL-1 平衡按钮，使光标归到平衡点。

二、对芯体头端定位

固定外端探头，推动靠内的另一支探头线圈，同时观察显示屏，当光点发生明显的偏移变化时，反方向推线圈，如此往复几次，直到确定光点信号刚开始发生变化的位置，在探头线圈所在位置划线。

三、对芯体尾端定位

将被测管件调头，重复步骤一、二，确定尾端芯体的位置。

四、测量长度

用卷尺测量头端和尾端定位划线的长度，记为芯体长度 L_0；测量元件管头端距离最近划线处的长度，记为芯头距 L_1。

五、计算头端划线值

根据芯体长度 L_0 和芯体距头 L_1 计算头端划线值 L，使芯体均匀分布在 A（燃料元件外形尺寸）长度的被测管中间。计算公式如下：

$$L=L_1-\frac{(A-L_0)}{2}$$

式中：A——燃料元件外形尺寸，mm；

L——头端划线值，mm；

L_1——芯体距管件头端的距离，mm；

L_0——芯体长度，mm。

六、划线

用钢板尺从被测管件头端量取头端划线值 L 长度，再用钢针在此刻度处划线，并在所划线的内侧刻上相应的管号。

七、检测记录和报告

1. 检测记录

检测记录应至少包含以下内容：

(1) 产品的批号、数量(根)、产品编号；

(2) 芯体距头；

(3) 芯体长度；

(4) 头端划线值；

(5) 检测人，审核人，检测日期。

2. 检测报告

检测报告应包含但不限于：

(1) 制造厂商的名称或代号；

(2) 委托单位；

(3) 被检材料名称、材料牌号、规格及批（编）号；

(4) 仪器及探头描述；

(5) 检测方法；

(6) 技术条件编号及版本；

(7) 检测规程编号及版本；

(8) 检测结果；

(9) 检测人员签名及技术资格、检测日期。

第十四章　CANDU 型核燃料元件焊缝涡流检测操作技能

燃料元件是 CANDU 型核燃料棒束的核心元件。燃料元件由已涂石墨和点、钎焊附件的次组件、两个端塞、二氧化铀芯块构成。在芯块装入次组件后，用端塞与次组件紧密接触，以压力电阻对焊的焊接方式进行焊接密封。燃料棒端塞焊缝质量主要要求如下：

(a) 焊缝要求密封；

(b) 焊缝要求一定的熔深、较高的焊接率；

(c) 焊缝表面要求光滑平整。

这样，为了保证产品质量，就需要有必要的产品检测，主要检测项目如下：

(1) PC 样及常规元件抽样金相评估、剥离试验；

(2) 焊缝宏观、尺寸检查；

(3) 焊后加工宏观、尺寸检查；

(4) 氦检漏；

(5) 芯块搬运监测；

(6) 气体分析；

(7) 涡流检测等。

涡流检测属于无损检测，CANDU 型核燃料元件在线涡流检测主要用于检测元件端塞焊缝及焊缝热影响区，包括部分管壁和已去焊瘤的部分端塞。检测材料为 Zr-4 合金。该在线涡流检测的用途是用于检测焊缝表面或近表面缺陷，具体包括深度超差的点状凹深、表面形状突变等。

第一节　工作准备

一、燃料元件环形焊缝的焊接方式

目前，CANDU 型核燃料元件环形焊缝的焊接方式采用的是压力电阻对焊。焊接时，使端塞焊接面和次组件 120°坡口在挤压气缸的恒压力作用下紧密接触，通电加热，使端塞和次组件接触区域达到塑性状态，在恒压力作用下维持一段时间，冷却结晶，形成牢固的焊接接头。

二、检测前准备

依据检测工艺卡准备涡流仪器、电缆、探头、标定试块、操作试件以及记录纸、记录表、记录及测量器具等。

MIZ-22 检测系统检测前准备：

(1) 打开总电源开关。

(2) 按下 MIZ-22 涡流检测仪的“开/关”按钮约 1 s,打开检测仪开关。

(3) 等待检测仪显示屏上菜单行显示“♯01 CHINA EC”。

(4) 按下“平衡”按钮,使信号处于报警框的中心。

三、焊缝的检测方法

CANDU 型核燃料元件焊缝检测采用的是点式探头进行涡流检测,利用感应电流的变化情况,反映焊缝位置的缺陷情况。该点式探头检测厚度约 2 mm。点式线圈是体积比较小的线圈。直径不大于 2 mm。为了提高灵敏度,在线圈芯部安放铁氧体磁芯。

四、仪器设备准备

(1) 涡流检测仪

涡流检测仪:SMART-97。

涡流检测仪:MIZ-22。

(2) 标准伤

接收标准伤与拒收标准伤,接收标准伤孔深为(0.15±0.01)mm,拒收标准伤孔深为(0.20±0.01)mm。

第二节 仪器调节

一、检测仪器调试

1. SMART-97 涡流检测系统

(1) 垂直位置调节

松开垂直位置固定螺钉,调节探头垂直调节旋钮,使探头尽量靠近端塞,但不能与端塞接触,然后锁紧垂直固定螺钉。

(2) 水平位置调节

选择“单动”操作,按远距离控制盒上的绿色按钮,松开水平固定螺钉,调节水平调节旋钮,使标准伤信号最大,锁紧水平固定螺钉。

2. MIZ-22 涡流检测系统

(1) 在更换和调节探头前,把“自动/手动”设置为“手动”方式,把电机设置为“关”方式。

(2) 用合适的六角扳手松开探头夹上固定探头的螺钉,轻轻的把探头取下(如设备上已安装有探头)。

(3) 从探头上取开探头线。

(4) 把探头连接线插在更换的探头上,注意接触良好。

(5) 注意探头的指示基线,将探头轻轻地插入探头夹内。

(6) 旋转探头,使探头的指示基线与元件的轴线位于同一平面。

(7) 当探头位于两个轮子中间时,拧紧探头夹,固定探头。

(8) 把拒收标准伤管放在检测位置上。

(9) 拧开垂直调节锁紧旋钮，调节探头夹具的垂直调节旋钮，使探头与元件接触，此时用手指转动元件，可感觉到摩擦力。

(10) 再反方向调节旋钮，使探头向下移动小于 25 μm，锁紧垂直调节旋钮。

(11) 将旋转电机置于“开”位置。

(12) 将旋转电机置于“下”位置。

(13) 拧开水平调节旋钮的锁紧旋钮，调节探头夹的水平调节旋钮，使探头位于端塞下(没有焊缝处)，该位置系统干扰信号很低且清晰可见。

(14) 调节水平调节旋钮，让探头向焊缝方向滑动，注意人工伤信号，当人工伤信号是系统干扰信号大约两倍时，记下螺旋测微器的读数“A”。

(15) 继续同方向调节水平调节旋钮，人工伤的信号幅度会增大，然后减小，当信号幅度减小到与“A”位置相等时，记下此时读数“B”。

(16) 用公式计算 $C=\frac{A+B}{2}$，再调节螺旋测微器，使其读数为“C”，并锁住水平调节旋钮。

二、检测参数设置

1. SMART-97 涡流检测系统参数设置

频率：1 000～2 000 kHz；

增益：根据检测情况调节；

增益比：1.0；

相位：根据检测情况调节(0～359°)；

滤波：开；

滤波点数：1～20；

消隐因子：5～10；

平衡：30～100。

设定报警

报警设定如下：

报警方式：幅相报警；

报警框数：2；

硬件报警：开；

报警窗 A：关；

报警窗 B：开。

在报警窗 B 方式下，通过调节角度 1、角度 2、X-半径、Y-半径、使报警框成圆形，半径大小根据检测情况确定。

选择显示

阻抗平面显示参量：X1-Y1。

调试

调节信号位置，使其位于报警框中心。

参数的存储与读取

存储：在“文件服务”状态下，按“确定”键；选择“存参数”，按“确定”键；选择“检测参数组H”，按“确定”键，当提示输入密码时，连续按“功能 1”“功能 3”即可。

读取：在“文件服务”状态下，按“确定”键；选择“读参数”，按“确定”键；选择“检测参数组H”，按“确定”键即可。

2. MIZ-22 涡流检测系统参数设置

(1) 按功能键(功能按钮 ▷ 和 ◁)，移动光标，当光标移动到需调节的位置时，调节“—、—、△、▽”键，参数设置见表 14-1。

表 14-1　MIZ-22 涡流检测系统参数设置

菜单行	子菜单	功能	程序/通道参数
01	激活显示	程序号和名称	#01-China EC
02	选择通道	激活通道	1:F1　2:OFF
03	通道平衡	信号位置	POS1　POS2
04	F1 通道	检测频率	FREQ 2.0M
05	F1 通道	相角	PHASE(根据要求)
06	F1 通道	系统增益	GAIN(根据要求)
07	F1 通道	垂直/水平放大	V/H 10/20
08	F1 通道	过滤方式和范围	FILTER2　10
09	报警	方式和通道	ALARM OUT1
10	报警	改变中心点	CHNG CENT
11	报警	改变大小	CHNG SIZE
12	探头	涡流探头方式	PROBE DIFF
13	自动清除内存	自动清除和计时	AUTCLR 02
14	打印	打印屏幕和打印机	PRINT HP

(2) 检测条件的储存

用功能键把光标移到屏幕的最上端，然后按◁键，屏幕显示“STORED”，则把设置参数存储。

(3) 相角、增益、报警的调节

1) 把接收标准伤放在检测位置，调节“CHNG CENT”，使信号位于报警框的中心，调节“CHNG SIZE”使报警框的纵横比接近 1/2，调节“PHASE”，使信号位于报警框的对角线，调节“GAIN”，使信号刚好报警(该步骤只在校验设备的灵敏度时用)。

2) 把拒收标准伤放在检测位置，调节“CHNG CENT”“CHNG SIZE”“PHSAE”“GAIN”，使拒收标准伤刚好报警，调节方法同 1)。

第三节　操作步骤

一、SMART-97 涡流检测系统操作步骤

1. 半自动检测

(1) 涡流检测 1

在单循环方式下，把元件放在涡流检测工位 1 上，将远距离控制盒上的刷行开关拨到

“40”,然后按下绿色按钮即可检测。

(2) 涡流检测2

在单循环方式下,把元件放在涡流检测工位2上,将远距离控制盒上的刷行开关拨到“50”,然后按下绿色按钮即可检测。

2. 全自动检测

按去焊瘤全自动操作步骤操作,具体操作步骤略。

3. 校验

(1) 用标准伤校验。

(2) 在“单循环”状态下,把拒收标准伤放在涡流检测工位上,涡流检测工位1选择“40”,或涡流检测工位2选择“50”,然后按远距离控制盒上的绿色按钮,如连续10次报警,则设备校验合格;如果不能连续10次报警,则调节涡流检测仪,直到连续10次报警为止。

二、MIZ-22涡流检测系统操作步骤

1. 校验系统

(1) 把两根标准伤管放在进料传输带上。

(2) 把“手动/自动转换开关”设置为“自动”方式,把“旋转电机开关”设置为“开”方式,把“旋转电机升降”设置为“升”。

(3) 按下“自动循环开始”按钮,仪器开始用标准伤校验系统。

(4) 如果能把接收标准伤接收,拒收标准伤拒收,那么涡流检测装置具备检测条件,否则,按前面所述的调节方法进行调节。

2. 自动检测

(1) 把被检元件放在传送带上。

(2) 按“校验系统”中的步骤(2)～(3)进行操作。

(3) 当有报警的元件时,检查焊缝的外观,没有明显可确定的原因时,再重测两次,如仍报警,则按四和五处理。

(4) 每半个班校验一次系统,检测完毕再校验一次系统。

(5) 检测完毕,把“旋转电机开关”置于“关”位置,关涡流检测仪。

(6) 关总电源之前,让旋转架上的箭头指向旋转电机。

3. 手动检测

(1) 把手动/自动转换开关调为“手动”,旋转电机开关置于“开”的位置。“旋转电机升/降”调为“升”。“旋转架升/降”调为“降”。

(2) 把被检元件放在进料架的传输带上。

(3) 按“传输带前进”按钮。

(4) 把“元件架升/降”调为“升”,“元件架后退/前进”调为“前进”,然后“元件架升/降”调为“降”。

(5) “元件架后退/前进”调为“后退”。

(6) 按步骤(4)～(5)操作。

(7) 把“旋转电机升/降”调为“降”，当旋转大于3周时，把“旋转电机升/降”调为“升”。
(8) 把“旋转架升/降”调为“升”。
(9) 按“旋转架左转/右转”按钮。
(10) 把“旋转架升/降”调为“降”。
(11) 按步骤(7)操作。
(12) 按步骤(8)操作。
(13) 把“元件架后退/前进”调为“前进”。
(14) 按步骤(10)操作。
(15) 按步骤(5)操作。

三、焊接缺陷产生的种类

1. 主要缺陷

CANDU型燃料元件能检测出的缺陷主要有去焊瘤咬边、点状凹坑、焊缝内部异常焊瘤等。

2. 缺陷报警

当缺陷信号超过预先设置的报警框时，涡流仪报警。

四、涡流检测指示所采取的措施

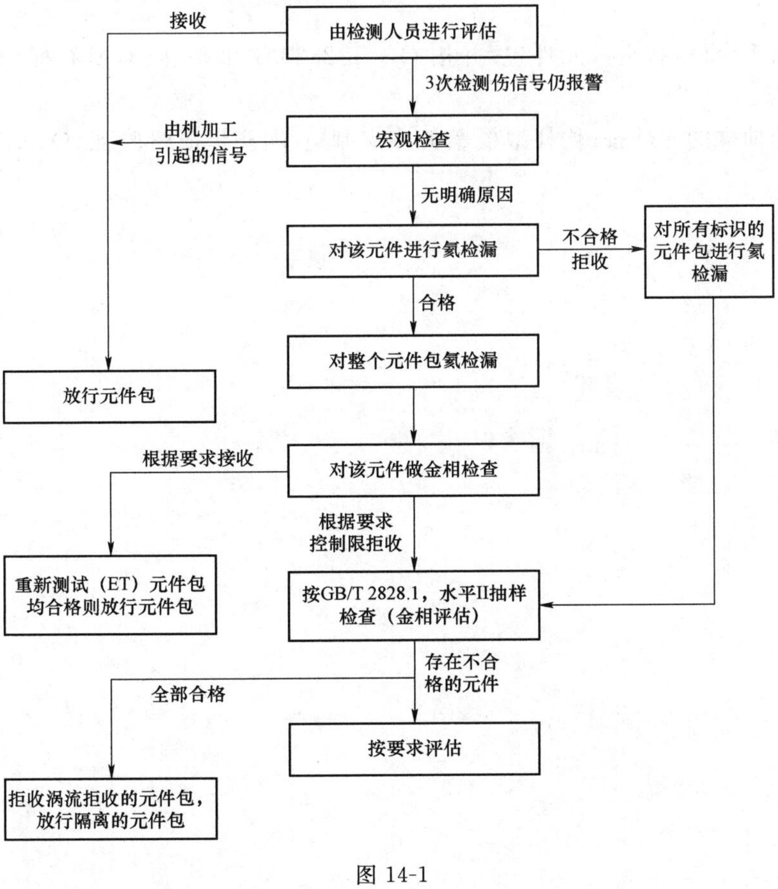

图 14-1

五、涡流拒收的评估方法

1. 宏观评价

（1）确定由机加工或其他非焊接原因引起的信号，则在棒束记录卡上写明原因，签字，报废该元件，然后放行出现拒收元件的元件包。

（2）判断是否机加工造成的信号的方法是：用保洁布擦拭后，涡流检测没有伤信号或者重新去焊瘤以后没有伤信号，则认为是由机加工造成的伤信号。

（3）如果没有明确的原因，对该元件包的前3个元件包和后4个元件包进行标识，然后按氦检漏试验的要求进行。

2. 氦检漏试验

（1）对涡流拒收的元件按Q/NF 0117进行氦检漏。

（2）如果合格，对该元件包的剩余元件进行氦检漏。

（3）如果不合格，对标识的所有元件包进行氦检漏。

3. 金相检查

（1）对涡流拒收的元件进行金相检查，金相检查之前，用涡流检测装置对伤的位置定位（即大致确定出现伤信号的位置），然后在涡流确定的位置附近选定优选截面。

（2）如果合格，对该元件包剩余元件重新涡流检测，全部合格则放行所有标识的元件包。

（3）如果不合格，报废该元件包，并按GB/T 2828.1水平Ⅱ，对所有标识的元件抽样，进行金相检查。

（4）金相抽样的元件按《坎杜型核燃料棒束制造 端塞焊质量验证》Q/NF 2032的相关内容评估。

参考文献

[1] 涡流检测．国防科技工业无损检测人员资格鉴定与认证培训教材．北京：机械工业出版社，2004.

[2] 全国锅炉压力容器标准化技术委员会．NB/T 47013—2015 承压设备无损检测．北京：新华出版社，2015.

[3] ASME（2004 版）锅炉压力容器　第Ⅲ卷：核设施部件建造规则.

[4] ASME（2004 版）锅炉压力容器　第Ⅴ卷：无损检验.

[5] ASME（2004 版）锅炉压力容器　第Ⅺ卷：核电厂部件在役检查规则.

[6] RCC-M（2000 版）压水堆核岛机械设备设计和建造规则.

[7] RSE-M（1997 版）压水堆核电厂核岛机械设备在役检查规则.